WUNDERWELT DER INSEKTEN

Laurence King Verlag GmbH
Jablonskistraße 27, 10405 Berlin
www.laurencekingverlag.de

Erstmals erschienen bei Laurence King Publishing in Großbritannien 2025

Laurence King Publishing ist ein Imprint von
The Orion Publishing Group Ltd
Carmelite House, 50 Victoria Embankment
London EC4Y 0DZ

Ein Unternehmen von Hachette UK

Commissioning Editor: Tina Persaud
Senior Editor: Katherine Pitt
Art Director: Liam Relph
Design: Hannah Beatrice Owens
Produktion: Sarah Cook

Für die deutsche Ausgabe
Übersetzung: Ulrike Lowis und Lisa Heilig
Lektorat und Satz: Lesezeichen Verlagsdienste, Köln
Projektleitung: hauffe publishing, Dortmund

ISBN: 978-3-96244-463-1
1. Auflage 2025
Printed in China by C&C Offset Printing Co., Ltd

www.laurencekingverlag.de
www.orionbooks.co.uk

MIX
Papier | Fördert gute Waldnutzung
FSC® C008047
FSC www.fsc.org

Umschlagabbildungen: Carim Nahaboo

WUNDERWELT

DER INSEKTEN

DR. ROSS PIPER

INHALT

EINLEITUNG

Insekten faszinieren mich, seit ich denken kann. Vor allem ihre schiere Vielfalt hat es mir angetan – mehr als eine Million beschriebene Arten, dazu weitere Millionen, die es noch zu entdecken und verstehen gilt. Was die Anzahl der Arten und die Bandbreite ihrer Lebensweisen angeht, sind sie in der Tierwelt beispiellos: Von spindeldürren, blinden Höhlenbewohnern über scheibenförmige, mit Saugnäpfen ausgestattete Larven, die ausschließlich in Wasserfällen leben, bis hin zu Flugkünstlern von außerordentlicher Geschicklichkeit, die teilweise unglaubliche Entfernungen in der Luft zurücklegen, ist alles dabei.

Mit so vielen Arten und Individuen tanzen sie aus ökologischer Sicht auf vielen Hochzeiten. Ob es um Bestäubung, Wiederverwertung organischer Stoffe, Umwälzung des Bodens oder einfach darum geht, von größeren Tieren gefressen zu werden – die Diversität ist überwältigend. Ohne Insekten würden die Ökosysteme, die unsere Nahrungsgrundlage bilden, zusammenbrechen, und die Menschheit würde nicht lange überleben.

Dieses Buch soll einen breiten Eindruck von der bunten Vielfalt der Insekten vermitteln. Vorgestellt werden – zusammengefasst nach ihren besonderen Eigenschaften Größe, Form, Farbe und Muster – 70 bemerkenswerte Arten, ihre Lebensweise und ihre systemische Bedeutung. Außerdem berichte ich von eigenen Erfahrungen, die ich bei der Beobachtung und Verfolgung von Insekten gemacht habe, erzähle von Reisen, die mich an außergewöhnliche Orte, etwa in die Wüsten Namibias oder die Wälder im Norden Myanmars, geführt haben. Ich hoffe, die Lektüre macht Ihnen Freude und Sie bekommen Lust, noch viel mehr über Insekten zu erfahren. Schärfen Sie Ihre Beobachtungsgabe und staunen Sie, was Sie alles entdecken werden, sogar direkt vor Ihrer Haustür. Ansonsten gibt es auch eine Reihe von großartigen Filmdokumentationen für diese faszinierenden Lebewesen.

Die Vorgeschichte

Um die Vielfalt der Insektenwelt, die uns heute umgibt, besser verstehen zu können, ist es hilfreich, zu ihren Ursprüngen zurückzukehren. Ihre Geschichte reicht sehr, sehr weit zurück und setzt vermutlich vor mindestens 480 Millionen Jahren ein, als ihre Vorfahren, die Meereskrebse, begannen, das Leben an Land zu erproben. Sie waren scharf auf die ersten Pflanzen, die bereits begonnen hatten, die Küstenregionen zu begrünen, und drangen dann weiter ins Land vor. Seither sind reichlich Erdzeitalter vergangen, doch dessen ungeachtet haben die Insekten sich das Leben an Land konsequent weitererobert, so gut wie jede Land- und Süßwassernische besiedelt und das eine oder andere Massensterben überlebt. Dabei gehörten sie nicht nur zu den Pionieren an Land, sondern eroberten auch als Erste die Lüfte. Als das erste Wirbeltier vom Boden abhob, waren sie schon seit mindestens 170 Millionen Jahren fliegend unterwegs.

Gut gerüstet

Warum sind die Insekten so erfolgreich? Das ist eine gute Frage, deren Antwort in ihrem Körperbau begründet ist. Zum einen bildet ihr außen liegendes Skelett (Exoskelett) eine robuste Hülle um empflindlichere Körperteile. Damit bietet es alle notwendigen Befestigungsmöglichkeiten für ihre Muskeln und verhindert Wasserverlust, was ein ziemlich wichtiges Feature für jeden Landbewohner ist. Im Laufe der Zeit hat das Exoskelett durch den Prozess der natürlichen Auslese eine Vielzahl von Umformungen und Erweiterungen erfahren, man denke etwa an die feinen, röhrenähnlichen Mundwerkzeuge der Stechmücken, die schaufelartigen Vorderbeine der Maulwurfsgrillen oder die kunstvollen Flügel der Schmetterlingsgattung *Actias*. Das Exoskelett hat zwar auch den ein oder anderen Nachteil – es wächst zum Beispiel nicht mit und muss darum regelmäßig erneuert werden –, was jedoch angesichts seiner vielen Stärken nicht so sehr ins Gewicht fällt.

Die vielleicht entscheidendste Innovation in der Erfolgsgeschichte der Insekten war die Ausbildung von Flügeln und damit die Fähigkeit zu fliegen. Die Feinabstimmung von Flügeln und Muskulatur eröffnete eine Flut neuer Möglichkeiten. Es wurde für die Insekten einfacher, ihren Feinden zu entkommen, Beute zu jagen, Partner zu finden und neue Lebensräume zu erschließen. Wenn es darum geht, weite Distanzen fliegend zu überwinden, kommen uns Insekten zwar nicht als Erstes in den Sinn, doch viele Schmetterlinge, Motten, Schwebfliegen, Käfer & Co. unternehmen jedes Jahr enorm weite Wanderungen.

Weiterhin hat die Tatsache, dass sie sich mit großer Geschwindigkeit durch die Luft bewegten und sogar weite Strecken zurücklegten, auch zu Verfeinerungen und Anpassungen der Sinnesorgane geführt. Die heute lebenden Insekten verfügen über eine Reihe komplexer Sinnesorgane, die man angesichts ihrer geringen Größe nicht vermuten würde. Mechanorezeptoren auf und in ihren Körpern reagieren auf Dehnung, Biegung, Druck und Vibrationen. Viele dienen der Wahrnehmung der Umgebung und zeigen z.B. zarte Luftbewegungen an, die auf die Nähe von Beutetieren oder Fressfeinden hinweisen, während andere Informationen über die Position und Ausrichtung des Körpers liefern. Bei einigen Käfern und Wanzen sind die Mechanorezeptoren sogar so ausgestaltet, dass sie das Infrarotlicht von Waldbränden erkennen können. Es erscheint zwar zunächst wenig vernünftig, geradewegs Kurs auf ein Flammeninferno zu nehmen, doch die Nachkommenschaft dieser Insekten kann sich nur im Holz verbrannter Bäume entwickeln. Damit erschließt sich auch der Sinn ihrer bemerkenswerten Hitzesensoren.

Der Hörsinn von Insekten beruht im Normalfall auf Rezeptoren, die kleinste Vibrationen im Untergrund wahrnehmen, aber es gibt auch Insekten, die ähnlich wie Säugetiere über eine trommelfellähnliche Membran Luftbewegungen wahrnehmen, was ihnen eines der schärfsten Gehöre der Tierwelt verleiht. Die Fähigkeit, chemische Stoffe zu erkennen – d. h. ihr Geschmacks- und Geruchsinn – ist bei Insekten sehr ausgeklügelt. Die entsprechenden Sinnesorgane befinden sich normalerweise an den Mundwerkzeugen, doch bei manchen Insekten sind sie auch an den Fühlern, Füßen oder am Legestachel platziert. Für viele Insekten ist die Aufrechterhaltung des Lebenszyklus abhängig von ihrer Fähigkeit, Partner und Nahrung schon aus weiter Ferne aufzuspüren: Manche verfügen über die bemerkenswerte Fähigkeit, schon einzelne Moleküle in der Luft wahrzunehmen.

Insekten sind häufig mit Punkt- und Facettenaugen ausgestattet: Punktaugen (Ocellen) unterscheiden zwischen Hell und Dunkel und können auch die Empfindlichkeit der Facettenaugen regulieren. Die Facettenaugen erreichen teilweise eine beachtliche Größe und bestehen aus einer Vielzahl von dicht beieinanderstehenden Einzelaugen. Jedes dieser Einzelaugen nimmt ein Bild auf, das an das Gehirn weitergeleitet wird. Bis vor Kurzem ging man davon aus, dass Facettenaugen Bilder von eher geringer Auflösung liefern. Inzwischen weiß man aber, dass die lichtempfindlichen Zellen in diesen Augen sich schnell und automatisch in den Fokus hinein- und herausbewegen, sodass wohl eine viel schärfere Sicht auf die Welt möglich ist als bisher angenommen. Dank ihrer Facettenaugen sehen Insekten die Welt nicht nur scharf, sondern haben auch einen sehr großen Weitwinkel und sind unübertroffen, wenn es darum geht, Bewegungen zu wahrzunehmen. Die meisten Insekten können außerdem Teile des Farbspektrums sehen, die für uns unsichtbar sind, z. B. ultraviolettes Licht.

Um die Flut an Sinneseindrücken zu verarbeiten, die durch das Herumschwirren in der Luft und das Navigieren in komplexen Habitaten entsteht, waren leistungsfähigere Gehirne vonnöten. Die komplexesten Gehirne der Insektenwelt finden sich bei staatenbildenden Wespen und Bienen. Stellen Sie sich vor, Sie wären eines dieser Insekten und müssten sich in der großen, feindlichen und komplizierten Welt auf Nahrungssuche begeben. Unter Umständen müssten Sie sich mehrere Kilometer vom Nest entfernen; das ist so, als wären es für uns mehrere Hundert Kilometer bis zum nächsten Supermarkt. Wenn Sie dann etwas Gutes gefunden haben, müssen Sie auch wieder zurück nach Hause finden. Dort warten Ihre Schwestern schon auf Ihren detaillierten Bericht.

Die Gehirne sozialer Insekten müssen eine Vielzahl von Informationen verarbeiten und auf deren Basis sinnvoll reagieren. Soziale Insekten sind in der Lage, zusätzlich zu ihren vielen angeborenen Verhaltensweisen dazuzulernen. Soziale Wespen können die Gesichter anderer Wespen erkennen, während Honigbienen zählen und zwei Symbole voneinander unterscheiden können. Außerdem sind sie in der Lage, ihren Schwestern mithilfe des sogenannten Schwänzeltanzes mitzuteilen, an welchen Standorten sie Nahrung, Wasser und neue Nistplätze finden. Sind sie also intelligent? Sicherlich, aber unsere Sprache und unser Verständnis von Intelligenz ist auf den Menschen und einige Wirbeltiere ausgerichtet. Die völlige Andersartigkeit von Insekten macht uns die Übertragung des Begriffs schwer.

Die komplexe Biologie der Insekten ist auf kleinstem Raum untergebracht – sie sind wie kaum ein anderes Tier Meister der Miniaturisierung. Im Vergleich zu einem massigen Körper ist ein kleiner Körper „günstiger" in Herstellung und Unterhalt, insbesondere im Hinblick auf die verschiedenen Systeme, die Belüftung, Nährstoffverteilung und Ausscheidung betreffen. Kleine Tiere können außerdem Nischen besetzen, die für größere Tiere vollkommen unzugänglich sind. Die optimale Nutzung aller möglichen Nischen wird noch dadurch begünstigt, dass viele Insekten ihre Gestalt im Laufe ihrer Entwicklung radikal verändern. Ihre Metamorphose fasziniert die Menschen schon seit Jahrtausenden und ist ein weiterer Grund für den Erfolg dieser Tiere. Die verschiedensten Insektengruppen – Käfer, Fliegen, Wespen, Bienen, Ameisen, Schmetterlinge und Nachtfalter – durchlaufen alle eine Metamorphose. Die Trennung von Larven- und Erwachsenenstadium ermöglicht eine Aufgabenteilung im Leben eines Insekts. Larven sind Fressmaschinen, ihr einziges Ziel ist Wachstum, während die Erwachsenen sich die Zeit damit vertreiben, sich zu paaren und neue Lebensräume zu erkunden. Ein weiterer riesiger Vorteil dieser Strategie besteht darin, dass die Larve und das erwachsene Tier sehr unterschiedlich sind und normalerweise an verschiedenen Orten leben, sodass sie nicht um die gleichen Ressourcen konkurrieren.

In der Regel sind Insekten wahre Meister der Fortpflanzung. Ihre Fruchtbarkeit und ihre Reproduktionsraten sind legendär und lassen sogar fleißige Nager vor Neid erblassen. Nehmen wir zum Bespiel die bescheidene Mehlige Kohlblattlaus, die in einer einzigen Jahreszeit 41 Generationen hervorbringen kann. Würden alle Nachkommen überleben, würde eine einzige Kohlblattlaus pro Jahr 600 Milliarden Nachkommen produzieren. Die extrem hohe Reproduktionsrate von Blattläusen und einigen anderen Insekten ist darauf zurückzuführen, dass sie während ihres gesamten Lebenszyklus auf Männchen verzichten. Die Weibchen produzieren Kopien ihrer selbst. Der vielleicht wichtigste Aspekt dieser ungebremsten Fortpflanzung ist, dass sie Mutationen hervorbringt, von denen nur ein winziger Teil vorteilhaft ist und ihren Trägern die Anpassung an eine sich ständig verändernde Welt ermöglicht.

Herausfordernde Zeiten

Unabhängig davon, wie erfolgreich ihre Strategien sein mögen, sehen die Insekten sich mit einer neuen Herausforderung konfrontiert: dem Menschen. Langfristige Daten von vielen Regionen weltweit zeigen, dass zahlreiche Arten von der Erde zu verschwinden drohen – als direkte Folge menschlicher Eingriffe. Die Weltbevölkerung ist enorm gestiegen, und wir nehmen die Natur immer mehr zur Befriedigung unserer Bedürfnisse in Anspruch. Die Zerstörung und Zerstückelung von Lebensräumen sowie Umweltverschmutzung, insbesondere durch Pestizide, vernichten einzelne Populationen und ganze Arten, sodass die Überlebenden isoliert und anfällig für weitere Katastrophen sind.

Viele Insektenarten sind zudem durch den Klimawandel bedroht. Steigende Temperaturen verringern nicht nur die Fruchtbarkeit männlicher Insekten, sondern bedrohen ganze Ökosysteme, bringen die Jahreszeiten durcheinander und zwingen viele Arten, neue Lebensräume zu finden, in denen noch die von ihnen bevorzugten Temperaturen herrschen.

Außerdem haben wir die Welt in künstliches Licht getaucht und bringen nachtaktive Insekten damit schwer durcheinander. Es gibt sogar Hinweise darauf, dass unsere drahtlosen Kommunikationstechnologien und unsere Stromnetze Insekten verwirren und ihr Verhalten stören könnten.

Doch trotz aller Herausforderungen, vor denen die Welt der Insekten steht, sollten wir uns in Erinnerung rufen, dass Insekten enorm widerstandsfähig sind. Es gibt sie schon seit Urzeiten, sie haben die verschiedenen Natur- und menschengemachte Katastrophen überstanden, die zur Auslöschung von Trilobiten, Ammoniten, Nichtvogeldinosauriern und vielen anderen Tieren geführt haben. Die Umweltschäden, die durch die Ausbreitung der menschlichen Spezies verursacht werden, führen zweifellos zu einer Verringerung der Insektenvielfalt und werden dies auch weiterhin tun, wenn wir unseren Kurs nicht radikal ändern. Aber wie sieht es langfristig und in ferner Zukunft aus: in 10 000 Jahren ... 100 000 Jahren ... einer Million Jahren? Insekten werden sich zweifellos von dem erholen, was wir ihnen angetan haben. Ich bin sicher: Solange es eine Erde gibt, wird es auch Insekten geben. Wer weiß, in ferner Zukunft werden sie vielleicht sogar das Zepter übernehmen und eine intelligente Zivilisation hervorbringen. Kein schlechter Gedanke …

FARBENFROH

MORPHO CYPRIS

Einen *Morpho cypris* bekommt man sehr selten zu sehen, aber ihn in seinem natürlichen Lebensraum im üppigen Grün der Neotropen zu entdecken, ist etwas ganz Besonderes. Durch seinen unglaublich schnellen Flügelschlag und seine wellenförmige Flugbahn ist das auffällig leuchtende Blau seiner Flügel immer nur sehr kurz zu erkennen. Mit einer Flügelspannweite von 10–20 cm ist dieser Schmetterling wirklich beeindruckend.

Das Blau der Flügeloberseite ändert sich je nach Blickwinkel. Verantwortlich dafür sind nicht etwa blaue Pigmente, sondern eine ganz bestimmte Oberflächenstruktur der Flügel – „Strukturfarbe" genannt. Bei genauerer Betrachtung ist zu erkennen, dass die Flügel mit einer Art Staub bedeckt sind. Dieser sogenannte Schmetterlingsstaub besteht in Wirklichkeit aus winzigen Schuppen, die abgeflachte Zellauswüchse sind. Diese Schuppen, die wie winzige Dachziegel angeordnet und lediglich 0,2 mm lang und 0,07 mm breit sind, verleihen den Flügeln von Tag- und Nachtfaltern ihre Farben und Muster.

Unter dem Rasterelektronenmikroskop ist zu sehen, dass diese winzigen Flügelschuppen des *Morpho cypris* nicht glatt sind, sondern eine feine Rillenstruktur aufweisen. Der Abstand zwischen den Rillen entspricht etwa der halben Wellenlänge von Blaulicht. Wenn also blaues Licht auf die Schuppen trifft, fällt es in die Rillen und wird schließlich davon reflektiert, wobei es mit dem einfallenden Licht interferiert. Dieses Phänomen wird als „konstruktive Interferenz" bezeichnet und führt dazu, dass das blaue Licht verstärkt wird und einen schillernden, irisierenden Effekt erzeugt. Andere Wellenlängen des sichtbaren Lichts werden nicht reflektiert, weshalb wir nur die leuchtend blaue Farbe wahrnehmen.

Und was hat der Schmetterling davon? Die Forschung ist sich nicht ganz sicher, aber möglicherweise bietet die Flügelfarbe dem *Morpho cypris* einen gewissen Schutz vor seinen ärgsten Fressfeinden, den Vögeln. Mit jedem Flügelschlag blitzt es ganz kurz blau auf, und der Schmetterling verschmilzt mit den bunten Farben seines natürlichen Habitats, und durch seinen schnellen Flug und seine erratische Flugbahn ist der *Morpho cypris* nur schwer zu verfolgen und – glauben Sie mir – noch schwieriger zu fangen. Im Gegensatz zu uns Menschen können Vögel auch ultraviolettes Licht wahrnehmen, und weil die irisierende Wirkung und die Farbe von *Morpho*-Flügeln unter UV-Licht möglicherweise noch intensiver sind, trägt dieser Schillereffekt verstärkt dazu bei, dass der Schmetterling für Vögel kurzzeitig unsichtbar wird. Im Ruhezustand auf einem Ast oder Baumstamm legt der *Morpho cypris* seine Flügel zusammen, zeigt also nur die Flügelunterseite in gedämpften Farben und ist so ebenfalls gut getarnt.

Der *Morpho cypris* ist eine der auffälligsten Schmetterlingsarten und gehört in vielen Schmetterlingshäusern zu den besonderen Attraktionen, weshalb ein ständiger Nachschub an Eiern, Raupen und Puppen aus den Neotropen Mittel- und Südamerikas gefragt ist, die leider auch aus Wildbeständen stammen können, was schlecht für den Bestand der Tiere und die Wälder ist. Doch gibt es in tropischen Regionen auch immer mehr Schmetterlingsfarmen, die nicht nur zum Schutz von Flora und Fauna beitragen, sondern auch eine Einkommensquelle und alternative Lebensgrundlage für die dort lebenden Menschen bieten.

Lebensgröße

MORPHO CYPRIS — MITTEL- & SÜDAMERIKA

EPOMIS — WEIT VERBREITET

EPOMIS

Als kleine Tiere stehen Insekten im Allgemeinen am Ende der Nahrungskette, das heißt, dass sie bei sehr vielen Tieren auf dem Speiseplan stehen. Viele Wirbeltiere haben sich gar ausschließlich auf den Verzehr von Insekten spezialisiert. Man denke an all die insektenfressenden Vogel- und Säugetierarten, ganz zu schweigen von anderen Arten, die mit Insekten Vorlieb nehmen, wann immer sich die Gelegenheit bietet.

Angesichts dessen ist es doch umso interessanter, wenn der Spieß umgedreht wird und größere Tiere zur Beute und Insekten zum Jäger werden. Zugegebenermaßen ist diese Umkehrung des Jäger-Beute-Verhältnisses recht selten, und es gibt nur sehr wenige Beispiele dafür, etwa die Larven des Riesenwasserwanze (siehe Seite 69), die gern Fische und Amphibien fressen. Es gibt auch Belege dafür, dass Libellen kleine Kolibris verspeisen. Aber das ist eher die Ausnahme. In letzterem Fall sind die fraglichen Insekten gleich groß oder sogar größer als die unglücklichen Beutetiere.

Eines der bemerkenswertesten Beispiele für wirbeltierfressende Insekten und eine echte David-und-Goliath-Geschichte sind *Epomis*, eine Gattung der Laufkäfer, deren Larven sich mit Beutetieren anlegen, die wesentlich größer sind als sie selbst, nämlich Frösche und Kröten.

Zu diesem Zweck haben *Epomis*-Larven einen übergroßen Kopf mit riesigen, nach hinten gebogenen Mandibeln (Mundwerkzeuge). Um ihre Beute anzulocken, ahmen sie mit ihrem Mund und ihren Fühler die Bewegung der eigentlichen Beutetiere der Amphibien nach. Ein neugieriger Frosch stürzt sich daher mit offenem Maul auf das, was er für einen beliebten Snack hält, und schnappt nach der *Epomis*-Larve – ein Fehler, den er alsbald bereut. Verschluckt zu werden, ist für die Larve zwar riskant, gehört aber zu ihrer Strategie, denn sofort schlägt sie ihre Enterhaken-Mandibeln in die Froschkehle, sodass alle Versuche, den vermeintlich leckeren Happen hinunterzuschlucken, vergeblich sind. Die Larve beginnt sofort, ihr Opfer von innen heraus anzufressen. Auch ein Herauswürgen würde den Frosch nicht retten, da sich die Larve auch an der Unterseite des Froschkopfes verbeißt. Der Frosch stirbt einen schnellen Tod, möglicherweise beschleunigt durch Substanzen im Speichel der Larve.

Für ein Tierchen mit so weichem Körper ist die *Epomis*-Larve unglaublich zäh und überlebt auch, wenn sie doch einmal geschluckt oder wieder herausgewürgt wird. Anschließend kann sie sich immer noch in aller Ruhe über ihre geschwächte Beute hermachen.

Auch erwachsene *Epomis*-Käfer haben eine Vorliebe für Amphibien, wenn sich die Gelegenheit bietet. Sie greifen von hinten an und verbeißen sich in der Beckenregion, um die Beine zu lähmen und eine Flucht der Beute zu verhindern.

GOLDWESPE

Die Familie der Goldwespen (*Chrysididae*) ist ein glänzendes Beispiel dafür, wie schön und komplex Insekten sind, wenn man sie genauer betrachtet. Wie ihr Trivialname bereits andeutet, haben Goldwespen eine markante metallisch glänzende Strukturfärbung – wenngleich nicht immer nur in Gold, sondern in allen Regenbogenfarben –, die entsteht, wenn durch mikroskopisch kleine Strukturen im Exoskelett bestimmte Wellenlängen des Lichts reflektiert werden (siehe auch *Morpho cypris*, Seite 14).

Weshalb diese Wespen ein so großes Spektrum an Strukturfärbungen aufweisen, ist noch nicht ganz klar. Die meisten Vertreter dieser Wespenfamilie sind sehr aktive, sich schnell bewegende parasitische Insekten, die um ihre Wirte herumschwirren und sich von Blütennektar ernähren. Möglicherweise sind die schillernden Farben und Muster eine Form der Tarnung, ein Schutz vor scharfäugigen Vögeln. Goldwespen sind vor allem bei hellem Sonnenschein aktiv und verharren nie lange bewegungslos, um für Vögel zumindest kurzzeitig durch ihre Strukturfärbung unsichtbar zu sein.

Das schillernde Exoskelett der Wespen weist zahlreiche Dellen auf, deren Funktion ebenfalls noch Fragen aufwirft. Sie könnten zur Strukturfärbung beitragen, die Aerodynamik verbessern oder einfach eine Folge eines dicken, geschichteten Exoskeletts sein.

Mag die schillernde Färbung des Exoskeletts im freien Flug der Tarnung dienen, hilft sie dort, wo sie am meisten gebraucht würde, nicht: in den Gelegen ihrer Wirte. Goldwespen sind Brutschmarotzer, die in die Nester anderer Wespen- und Bienenarten eindringen, um ihre eigenen Eier dort abzulegen, die im Larvenstadium ihrerseits die Wirtslarven töten und sich von deren Futter ernähren.

Wenn Goldwespen bei dieser fiesen Tat vom Wirtsinsekt erwischt werden, sind sie in argen Schwierigkeiten. Es bleibt dann nur die Flucht oder, wahrscheinlicher, eine Auseinandersetzung, die mit ein paar Blessuren oder sogar dem Tod enden kann. Immerhin bietet das extrem robuste Exoskelett der Goldwespen einen gewissen Schutz vor dem Mundwerkzeug oder Stachel eines wütenden Wirtsinsekts und lässt sich sogar teleskopartig einziehen, um dem Angreifer einen besonders harten Panzer entgegenzusetzen.

Schlauer ist es natürlich, einer Konfrontation aus dem Weg zu gehen, und zumindest eine Goldwespenart verfügt diesbezüglich über eine clevere Strategie. Sie hat es nämlich auf die unterirdischen und daher stockdunklen Nester von Bienenwölfen (Seite 118) abgesehen, wo sie von den Wirtswespen nur entdeckt werden kann, wenn sie ihren Geruch wahrnehmen oder buchstäblich über sie stolpern. Der Eindringling verfügt jedoch über eine chemische Tarnung und hüllt sich in den Geruch des Wirtsinsekts ein, sodass er die unterirdischen Brutkammern weitgehend unentdeckt durchstreifen kann.

Neben leuchtenden Farben und Mustern nutzen Insekten zur Kommunikation, Täuschung und Tarnung häufig auch komplexe Geruchsmischungen. Die Fähigkeit dieser Goldwespenart, den Geruch ihres Wirts zu hinterhältigen Zwecken zu imitieren, ist ein gutes Beispiel für die außergewöhnlichen Interaktionen, die überall in der Natur stattfinden und von denen die meisten noch genauer entschlüsselt werden müssen.

CHRYSIDIDAE — WEIT VERBREITET

LINSENFLIEGE

Diese Fliegenart, auch als Hundefliege bezeichnet, hat einen auffälligen leuchtend orangefarbenen Kopf und einen metallisch blauen Körper. Sie galt über 150 Jahre als ausgestorben. Zugegeben, richtig vermisst wurde sie allenfalls von ein paar Fachleuten, denn ihre Verhaltensweise ist gelinde gesagt speziell bis unappetitlich. Jedenfalls so, dass zufälltige Beobachter abgeschreckt wären, die sie sonst möglicherweise früher (wieder) entdeckt hätten. Linsenfliegen *(Thyreophora cynophila)* sind nämlich abhängig von großen Säugetierkadavern, zum Beispiel von Rehen, Wildschweinen, Hunden, Schafen, Kühen oder Pferden, und um die Sache weiter zu erschweren, ernähren sich ihre Larven vorzugsweise vom Mark der langen Knochen und vom Rückenmark solcher Kadaver – eine recht spezielle Vorliebe.

Erstmals wurde die Linsenfliege 1798 vom deutschen Entomologen und Botaniker Georg Wolfgang Franz Panzer beschrieben, nachdem ein Exemplar auf einem toten Hund in Mannheim gefunden worden war („eingefleischte" Entomologen mögen nichts lieber als besiedelte Kadaver), und bis 1850 tauchte die Art noch mehrmals auf. Erst 2007 entdeckte ein Entomologenteam sechs Linsenfliegen in der Nähe von Madrid, die sie mit Insektenfallen aus verwesendem Tintenfisch angelockt hatten.

In den Jahren dazwischen erlangte die Linsenfliege aber einen fast mythischen Status – zumindest unter einigen Experten. In der langen Zeit zwischen 1850 und 2007 wurden kühne, zuweilen sonderbare Thesen über diese Fliege aufgestellt. So behauptete beispielsweise der russische Diplomat und Entomologe Carl Robert Osten-Sacken, dass der orange Kopf der Fliege ein strahlenartiges Leuchten aussende. Das war zwar Blödsinn, aber diese sonderbare Fliege regte offensichtlich in hohem Maße die Fantasie von Fliegenliebhabern an, auch wenn sie sie noch nie wahrhaftig zu Gesicht bekommen hatten.

Zwischen 1850 und 2007 hatte diese Fliegenart einen fast mythischen Status.

Seit ihrer Wiederentdeckung hat sich gezeigt, dass diese Fliegenart in Spanien recht häufig anzutreffen ist und auch in Frankreich umherfliegt. Warum also ist sie Fachleuten so lange entgangen? Nun, die recht spezifischen, eher abstoßenden Lebensanforderungen von Linsenfliegen habe ich bereits erwähnt. Zudem hat sich gezeigt, dass die erwachsenen Tiere nur zwischen Januar und März unterwegs sind, also in den kalten Monaten, in denen die meisten Insektenforschenden offenbar lieber zu Hause sind und von wärmerem Wetter träumen. Außerdem sind Linsenfliegen normalerweise nachtaktiv. Die lange vermeintliche Abwesenheit dieser Fliegenart ist also eher darauf zurückzuführen, dass es zu wenige Fachleute gibt, die gern im Winter nachts Tierkadaver untersuchen.

Auch wenn diese Fliege in Spanien und Frankreich zu finden ist, wird sie in ihrem eigentlichen Habitat nicht häufig gesichtet. Das liegt vor allem daran, dass immer weniger Tierkadaver in der Natur verrotten; zum einen, weil es Gesetze zur ordnungsgemäßen Entsorgung großer Tierkadaver gibt, zum anderen, weil in weiten Teilen Europas die Wolfsbestände fast gänzlich ausgerottet waren. Wölfe sind in der Lage, die großen Knochen von Huftieren zu knacken, wodurch die Fliegenlarven viel einfacher an das Knochenmark gelangen. Mit der Rückkehr der Wölfe in vielen Regionen und einer veränderten Einstellung zu den Lebenszyklen der Natur könnte diese Fliegenart schon bald auch in Ihrer Umgebung wieder zu finden sein.

LINSENFLIEGE

Diese in den kalten Monaten aktive Fliege ernährt sich vom Kadaver großer Säugetiere und galt lange Zeit als ausgestorben, bis sie 2007 in Spanien wiederentdeckt wurde.

LITHINUS RUFOPENICILLATUS — MADAGASKAR

LITHINUS RUFOPENICILLATUS

Ohne Moos nix los – das könnte das Lebensmotto von Rüsselkäfern sein. Die auf Madagaskar anzutreffende Art *Lithinus rufopenicillatus* sammelt Moos nicht nur, sondern kultiviert sogar ihren eigenen Moosgarten auf ihrem Rücken. Durch diesen Tarnanzug ist der Käfer auf moosbewachsenen Ästen quasi unsichtbar. Der raue, bürstenartige Rückenpanzer des *Lithinus rufopenicillatus* und seiner nahen Verwandten bietet ideale Bedingungen für die Ansiedlung und das Gedeihen von Moosen und anderen Pflanzen, wodurch die Tierchen mit moos- und flechtenbewachsenen Oberflächen optisch verschmelzen. Vermutlich produzieren sie auch keine Fette, mit denen andere Käferarten verhindern, dass sich Schmutz und Lebewesen auf ihrem Exoskelett festsetzen können. Die Kultivierung eines Moosgartens braucht allerdings Zeit, und nach Insektenmaßstäben sind Käfer der Art *Lithinus rufopenicillatus* tatsächlich recht langlebige Gesellen, die drei Jahre oder noch länger herumwuseln und so tun, als seien sie kleine Moosflecken.

Grundsätzlich wissen Insekten recht gut, wie man sich am besten tarnt. Das ist auch nötig, weil sie auf dem Speiseplan vieler anderer, größerer Tiere stehen. *Lithinus rufopenicillatus* ist jedoch eine Klasse für sich, weil er sich mit einem anderen lebenden Organismus tarnt: dem Moos aus seinem Habitat in Madagaskar, einer Insel, auf deren Fauna und Flora das Meme „Geh nach Hause, Evolution! Du bist betrunken" auf ganz besondere Weise zutrifft.

Um zu verstehen, was Madagaskar zu einer Schatztruhe der Artenvielfalt macht, müssen wir einen Blick in prähistorische Zeiten werfen, als nämlich der Superkontinent Pangea in eine nördliche Landmasse (Laurasia) und eine südliche (Gondwana) zerbrach. Was wir heute als Antarktis, Madagaskar, den indischen Subkontinent und Australasien kennen, bildete den östlichen Teil von Gondwana, der durch die langsame, unaufhaltsame Umwälzung des Erdmantels abgerissen wurde. Vor etwa 90 Millionen Jahren driftete Madagaskar schließlich von den Kontinentalplatten mit dem indischen Subkontinent und den Seychellen weg, sodass sich Fauna und Flora in absoluter Isolation entwickeln konnten. Heute sind etwa 90 Prozent der Tier- und Pflanzenarten Madagaskars endemisch, also nirgendwo sonst zu finden. Leider wurden sie dadurch auch nicht besser geschützt, denn der Mensch hat diese riesige Insel ziemlich radikal abgeholzt und damit die Lebensräume unzähliger Arten zerstört.

Dennoch lohnt sich der Kampf gegen Umweltzerstörung. Allein zwischen 1999 und 2010 wurden in Madagaskar 615 neue Arten entdeckt, und wie in so vielen anderen Regionen der Welt, dürfte dies nur die Spitze des Eisbergs sein, denn Insekten wie dieser Rüsselkäfer, der durch seinen winzigen Moosgarten super getarnt ist, werden sehr leicht übersehen. Man kann sich also gut vorstellen, welche anderen Wunder es auf dieser evolutionär einzigartigen Insel im Indischen Ozean noch zu entdecken gibt.

MOPANEWURM

Die Vorstellung, Insekten zu essen, ruft in der westlichen Welt im Allgemeinen Ekel hervor – was eigentlich erstaunlich ist. Wir verspeisen mit Heißhunger die verschiedensten Schalentiere von der Garnele über den Hummer bis zum Krebs, aber die an Land lebenden Kerbtiere verschmähen wir schaudernd. Doch seit immer deutlicher wird, welche Vorteile es hat (oder hätte), Insekten zu essen, ändert sich die Einstellung. Insekten stecken nicht nur voller Proteine, Fette, Vitamine und Mineralstoffe, sondern lassen sich auch wunderbar einfach züchten: Um ein Kilogramm Insektenprotein zu produzieren, braucht es deutlich weniger Land, Wasser und Futter als für ein Kilo Proteine aus Rinder-, Lamm-, Schweine- oder Geflügelfleisch. Außerdem fallen weniger Treibhausgase an.

Viele Insektenarten stürzen sich außerdem mit Vergnügen auf das, was wir normalerweise wegwerfen, und verwandeln Speisereste aus der Lebensmittelindustrie und aus Privathaushalten in hochwertige Nahrungsmittel. Diese Win-win-Situation nutzen diverse europäische Unternehmen bereits als Geschäftsmodell: Sie produzieren Schwarze Soldatenfliegen, deren Larven sich von Lebensmittelabfällen ernähren. Voraussichtlich werden sie bis 2033 jährlich eindrucksvolle 4,6 Millionen Tonnen dieser Larven im Wert von 2,15 Milliarden Euro produzieren. Aktuell verwendet man die Fliegenlarven vor allem als hochwertiges Futtermittel in der Landwirtschaft und der Aquakultur, womit der Bedarf an teuren und umweltschädlicheren Alternativen wie Soja und Fischmehl sinkt. In naher Zukunft werden wir genüsslich alle möglichen Lebensmittel verspeisen, die mittelbar mit Insektenmehl produziert wurden.

In vielen Weltregionen isst man schon seit Menschengedenken Insekten. Zu den bekanntesten Speiseinsekten gehört *Gonimbrasia belina*, der Mopanewurm, der eigentlich kein Wurm ist, sondern die farbenfrohe Raupe eines Nachtfalters aus der Familie der Pfauenspinner. Im südlichen Afrika sind diese Raupen, unter anderem bekannt als *madora* und *amacimbi*, wertvolle Nahrungsmittel, die dreimal so viel Proteine liefern wie Fleisch – und zusätzlich Eisen, Zink und Ballaststoffe. Sie werden jährlich millionenfach geerntet. Leibspeise der Raupen sind die Blätter des Mopanebaums, von dem sie von Hand gepflückt oder geschüttelt werden. Meist sind es Frauen, die täglich zwischen 25 und 50 kg sammeln. Die Raupen werden dann am Hinterteil zusammengedrückt, um die unangenehm schmeckenden Eingeweide sowie halbverdaute Blätter aus dem Körper zu quetschen. Danach werden die hohlen Muskelhüllen gekocht und in der Sonne getrocknet. So kann man sie gleich verzehren oder bis zu einem Jahr lang aufbewahren. Und sie schmecken wirklich gut. Die getrockneten Raupen sind eine wandlungsfähige Zutat für verschiedene Rezepte. Besonders gern werden sie flüssig eingelegt und dann in Gerichten wie *mashonza*, einem würzigen Eintopf, verarbeitet.

In ihrem ursprünglichen Lebensraum gelten Mopanewürmer als wertvolles Lebensmittel, und aufgrund kommerziell betriebener Überernte sind sie in manchen Gebieten sogar verschwunden. In anderen Regionen aber steht eine langfristige, nachhaltige Nutzung der wichtigen Nahrungsquelle über kommerziellen Interessen. Dort werden nur ausgewachsene Raupen geerntet.

GONIMBRASIA BELINA — AFRIKA

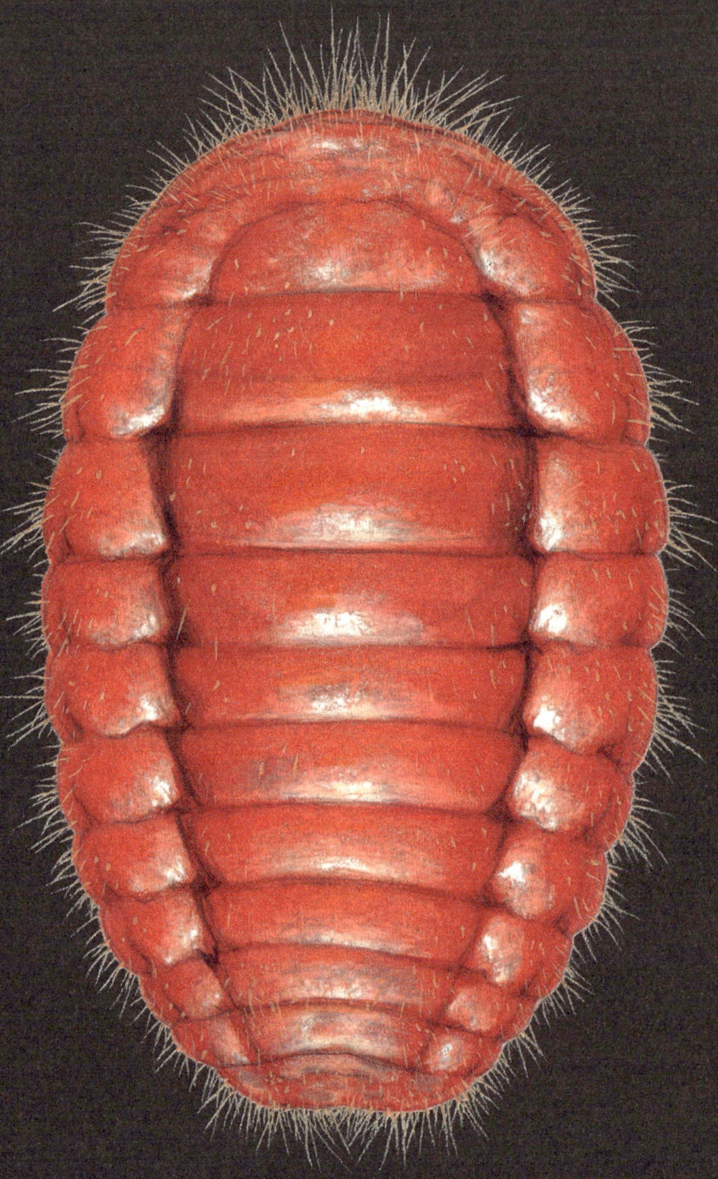

PORPHYROPHORA HAMELII — WESTLICHES ASIEN

COCHENILLELAUS

Dieses Insekt hat fast jeder schon einmal gegessen, aber natürlich nicht unverarbeitet. Aus Cochenillen wird ein leuchtend roter Farbstoff namens Karmin gewonnen, der als Lebensmittelfarbe, in Kosmetika (Lippenstiften) und in der Mikroskopie Verwendung findet. Der Farbstoff wird von verschiedenen Arten produziert, etwa von der Amerikanischen Cochenille *(Dactylopius coccus)*, der Armenischen Cochenille *(Porphyrophora hamelii*, siehe Abbildung), einer in der Kaukasusregion beheimateten Schildlaus, und der Polnischen Karminschildlaus *(Porphyrophora polonica)*. Sie alle gehören zur recht skurrilen Überfamilie der Schildläuse, die sich von Pflanzensäften ernähren und teilweise äußerst bizarr anmuten. Die Weibchen sind flügellos und bewegungsunfähig. Halt finden sie durch ihren in die Wirtspflanze gestochenen Saugrüssel. Obgleich weich, unförmig und reglos, verfügen sie über diverse Verteidigungsstrategien gegenüber ihren zahlreichen Fressfeinden: Einige Spezies sind mit Wachs überzogen, andere verfügen über eine Art Schild, dem sie auch ihren Namen verdanken.

Schildläuse decken das gesamte Spektrum tierischer Reproduktionsstrategien ab, bei ihnen scheint nichts unmöglich. Wenn man nicht aufpasst, verliert man schnell den Überblick. Es gibt zum Beispiel die gute, alte sexuelle Fortpflanzung; allerdings zwischen Weibchen und Männchen, die so unterschiedlich wie Tag und Nacht sind. Die Männchen haben voll ausgebildete Flügel und sind häufig viel kleiner als ihre Partnerinnen. Die Weibchen reifen äußerlich nicht, sondern sehen ihr Leben lang aus wie frisch geschlüpft – ein Phänomen, das man als Neotenie bezeichnet. Bei einigen der sich sexuell fortpflanzenden Arten entwickeln sich die Männchen aus unbefruchteten Eiern, während die Weibchen aus befruchteten Eiern schlüpfen. Bei Insekten kommen Zwitter nur sehr selten vor, bei den Schildläusen gibt es jedoch einige Arten, deren erwachsene Männchen über kombinierte Eierstöcke und Hoden verfügen. Männliche Exemplare sind für jede Spezies eine kostspielige Extravaganz, darum haben einige Schildlausarten sie gleich ganz abgeschafft, und die weiblichen Tiere klonen sich einfach. Das hat Vor- und Nachteile. Vorteile: keine Männchen mehr; Nachteile: irgendwann Auslöschung durch Inzucht.

Die Armenische Cochenille pflanzt sich geschlechtlich fort, wobei die kleinen, geflügelten Männchen gerade so lange leben, dass sie ausschwärmen und sich paaren können. Die Weibchen – plump, oval und mit einer gräulichen Wachsschicht überzogen – verbringen ihr gesamtes Leben auf ein- und derselben Wirtspflanze und ernähren sich von deren Saft. Die Karminsäure in ihrem Körper, der Rohstoff für das Karmin, soll die weiblichen Schildläuse vor Fressfeinden schützen. Doch von denen scheren viele sich nicht um die Säure und schlagen trotzdem zu, etwa die Raupen der Zünsler. Die stürzen sich nämlich nicht nur auf Eier und Jungtiere, sondern nutzen die Karminsäure ihrer Beute dazu, um sich ihrerseits gegen Fressfeinde zu verteidigen.

Die Schildlausernte ist sehr aufwendig und wird schon seit mindestens 2000 Jahren betrieben.

GELBE MORDFLIEGE

Im Deutschen bezeichnet man die Fliegen aus der Familie der *Asilidae* wegen ihrer räuberischen Lebensweise wahlweise als Raub- oder Jagdfliegen. Sowohl die adulten Tiere als auch die Larven verfügen über giftige Beißwerkzeuge. Raubfliegen findet man auf der ganzen Welt, und sie sind mit über 7400 bislang bekannten Arten und vielen bis dato noch nicht beschriebenen Vertretern ein sehr diverses Völkchen. Auffällig sind insbesondere die stattliche Größe einiger Arten und ihr Jagdverhalten: Sie hocken auf Baumstümpfen, um anderen Insekten aufzulauern, und erjagen sie dann im Flug. In Südperu habe ich einmal beobachtet, wie ein 4 cm langes Exemplar auf einer sonnigen Lichtung auf einem Zweig saß, sich umsah und die Luft nach Beute absuchte.

Die Gelbe Mordfliege tarnt sich als Biene, was ihr einen gewissen Schutz vor ihren Fressfeinden bietet – vor allem vor Vögeln, die mit ihrem Aussehen Stachel und Schmerz assoziieren. Ihr bevorzugter Ansitz sind Holzstapel. Dort wartet sie darauf, dass ihre Beute vorbeifliegt, um dann abzuheben und sie mit ihrem giftigen Biss zu erlegen.

Als ausgezeichnete, aktive Jäger sind Gelbe Mordfliegen auf ihr Sehvermögen angewiesen, doch da sie klein sind, gibt es schlicht nicht genug Platz für viele Fotorezeptoren. Dabei handelt es sich um lichtempfindliche Zellen, die bei allen Tieren etwa gleich groß sind. Diese Einschränkung kompensiert die Gelbe Mordfliege unter anderem durch größere Linsen im Zentrum ihrer Facettenaugen. Dort ist der Abstand zwischen Fotorezeptoren und Linse größer als im umgebenden Auge, sodass ein hochauflösender Bereich im Zentrum des Sehfeldes entsteht. Dies ist vergleichbar mit der Sehgrube im menschlichen Auge, bei der es sich (ebenfalls) um den Bereich des schärfsten Sehens handelt.

Außerdem verfügt die Gelbe Mordfliege über die geniale Fähigkeit, ihre bevorzugten Beuteinsekten anhand ihrer artspezifischen Flügelschlagfrequenz zu erkennen und zu jagen. Im Flug spiegeln die Flügel des Beutetieres das Licht, und die resultierenden Lichtblitze erwecken das Interesse des Jägers. Mithilfe rasend schneller Kopf- und damit Augenbewegungen verfolgt die Fliege die Lichtblitze und kann so die Flugrichtung ihrer Beute antizipieren. Dann schießt sie von ihrem Holzstoß los und tötet das Insekt im Flug.

Zuletzt bestand auch außerhalb der Entomologen-Community Interesse am visuellen System und der Flugkontrolle dieser Jagdflieger. Die Kombination der Fähigkeiten der Mordfliege mit KI-Technologie könnte etwa von großer Bedeutung für die Weiterentwicklung autonomer Fahrzeuge sein.

LAPHRIA FLAVA — EUROPA & ASIEN

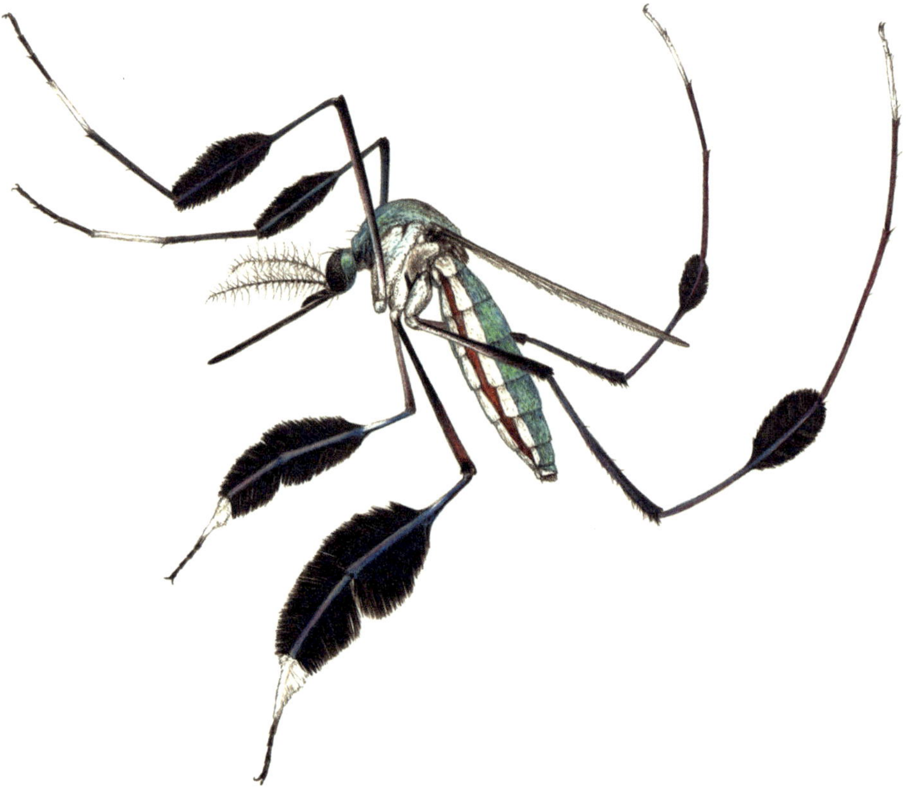

SABETHES-STECHMÜCKE

Ich oute mich an dieser Stelle als Freund der Stechmücken – kein leichter Stand, schließlich saugen sie unser Blut und übertragen dabei Krankheiten, die jährlich über eine Million Menschen das Leben kosten. Doch genau darum sind Stechmücken so gut erforscht – die Fachliteratur könnte leicht eine ganze Bibliothek füllen. Mit dem Ziel, die Stechmücken auszurotten oder den Bestand zu kontrollieren, wurde ausnahmslos jeder Aspekt ihrer Biologie genau untersucht, und man weiß heute wahrscheinlich mehr über sie als über jedes andere Tier. Aus ökologischer Sicht sind sie enorm erfolgreich. Als Wasserbewohner fischen die Larven ihre Nahrung mithilfe bürstenartiger Mundwerkzeuge aus dem Wasser, während die adulten Exemplare geschickt pflanzliche und tierische Säfte saugen und damit eine mindestens 125 Millionen Jahre alte Lebensweise verfolgen. Problematisch daran ist jedoch, dass die Weibchen mancher Arten für die Reifung ihrer Eier eine Blutmahlzeit benötigen, bei der Parasiten von ihnen auf den Wirt übergehen.

Doch selbst bei diesen verhassten Insekten gibt es bemerkenswerte Schönheit, etwa bei der Gattung *Sabathes*, deren zarte Vertreter mit ihren schillernd beschuppten Flügeln und den elegant befiederten Beinchen in Mittel- und Südamerika beheimatet sind. Die Weibchen legen ihre Eier in winzigen Wasseransammlungen in epiphytischen Pflanzen (Pflanzen, die auf anderen Pflanzen wachsen, ohne Schmarotzer zu sein), Bambushalmen, herabgefallenen Bananenblättern und leeren Samenkapseln ab. Dort saugen die Larven mit ihren bürstenartigen Mundwerkzeugen Bakterien und Algen aus dem Wasser und töten auch mal die Larven anderer Stechmückenarten, mit denen sie um Nahrung konkurrieren. Irgendwann verpuppen sie sich und entwickeln sich zu geflügelten erwachsenen Tieren.

Ihr Erwachsenenleben ist kurz, darum verschwenden sie bei der Partnersuche keine Zeit. Auf der Unterseite von Ästen oder Zweigen hockend, locken die Weibchen mithilfe von Pheromonen paarungsbereite Männchen an. Zur Eröffnung der Balz fliegt das hoffnungsvolle Männchen enge Schleifen und präsentiert dabei seine gestreckten gefiederten Beine. Dann landet es gegenüber seiner Angebeteten und umarmt sie zärtlich mit einem der gefiederten Beine, während er das andere zu einem Bogen formt und schwenkt. Sagen die Show und seine Erscheinung dem Weibchen zu, senkt es seinen Bauch zur Kopulation. Wenn nicht, bekommt er den Laufpass, und sie wartet auf den nächsten Bewerber.

Nach der Paarung benötigen die Weibchen eine Blutmahlzeit für die Entwicklung der Eier in ihrem Bauch. Die holen sie sich manchmal von Menschen, bevorzugt aus der Nase, doch lieber sind ihnen Tiere wie Vögel oder Affen. Ihre Nahrungsaufnahme ist so bemerkenswert wie ihre restliche Biologie. Mit ihrem beweglichen Saugrüssel durchstoßen sie die harten, äußeren Hautschichten, bis sie ein Blutgefäß gefunden haben, das sie anzapfen können. Gleichzeitig injizieren sie Speichel, der die Blutgerinnung verhindert und die Immunreaktion des Wirts verändert.

DASYMUTILLA GLORIOSA

Wenn ein Insekt die Bezeichnung „Punk“ verdient, dann ist es wohl *Dasymutilla gloriosa*, auf Englisch hat sie den sprechenden Namen Thistledown Velvet Ant (etwa: Distelhaar-Samt-Ameise). Sie gehört zur Familie der Ameisenwespen mit insgesamt rund 7000 Arten. Die Weibchen sind ungeflügelt und sehen aus wie große, plüschige Ameisen. Die geflügelten Männchen unterscheiden sich so stark von den Weibchen, dass man sie für eine andere Art halten könnte.

Die Weibchen dieser in den trockenen Regionen des US-amerikanischen Südwestens und Mexiko beheimateten Art haben einen Pelz aus strahlend weißen Haaren, der ihnen – zumindest für das menschliche Auge – große Ähnlichkeit mit den Samen des Kreosotbuschs verleiht. Aufgrund dieser Ähnlichkeit hielt man den Pelz lange für eine Tarnung, die den Ameisenwespen aufgrund der Ähnlichkeit mit den plüschigen Samen Schutz vor ihren Fressfeinden bietet.

Allerdings blickt der Mensch oft voreingenommen auf die Welt, und das, was wir für Tarnung halten, ist durchaus nicht immer Tarnung. Also leisteten ein paar Biologinnen und Biologen, die wissen wollten, ob das pelzige Insekt tatsächlich die Samen des Kreosotbuschs nachahmt, etwas Detektivarbeit und fanden dabei heraus, dass der Kreosotbusch erst in der letzten Eiszeit, also vor rund 100 000 Jahren, aus Südamerika nach Mexiko und in den Südwesten der USA gekommen ist, während die Ameisenwespe dort schon seit rund fünf Millionen Jahren verbreitet ist. Die Ähnlichkeit mit den Samen muss folglich ein Zufall sein. Die Forschenden stellten außerdem fest, dass der helle, weiße Pelz der Ameise ein anderes Lichtspektrum reflektiert als Kreosotsamen. Die Ameise reflektiert deutlich mehr UV-Licht als der Samen und sieht darum für einen Vogel oder eine Eidechse – ihre gefährlichsten Fressfeinde – völlig anders aus.

Was hat es also mit dem weißen Pelz auf sich? Weitere Fragestellungen und Messungen führten zu diversen faszinierenden Einsichten. Offensichtlich hat der leuchtend weiße Pelz einen kühlenden Effekt und lenkt die Sonnenstrahlung ab, wenn die Insekten auf glühend heißem Untergrund unterwegs sind.

Wie viele Sandbienen und Erdwespen sind Ameisenwespen Brutparasiten. Die enorm geschäftigen Weibchen spähen die Nester ihrer Wirte aus, schlüpfen hinein und legen ein Ei in jede Brutkammer. Wenn ihre Larven dann schlüpfen, verspeisen sie den Nachwuchs der ursprünglichen Nestbauer sowie die Vorräte in den Brutkammern. Der Pelz verschafft den Ameisenwespen insofern einen Vorteil, als sie auch während der heißen Tagstunden, wenn ihre Fressfeinde Schutz suchen müssen, aktiv bleiben und Wirtsnester erkunden können.

DASYMUTILLA GLORIOSA | SÜDLICHE USA & MEXIKO

SILBERAMEISE

Die Wüsten Nordafrikas zählen klimatisch zu den extremsten Regionen der Erde. In der Mittagszeit können die Bodentemperaturen dort bis zu 70 °C erreichen: eine Gluthitze, die ausreicht, jedes Lebewesen bei lebendigem Leibe zu rösten. Oder fast jedes. Denn wie Dr. Ian Malcom es in Michael Crichtons Jurassic Parc formuliert: „Das Leben findet seinen Weg.“ Und hier kommt die Silberameise *(Cataglyphis bombycina)* ins Spiel – ein ausgesprochen flottes Insekt, das in der Lage ist, in diesem Glutofen zu überleben.

Silberameisen sind aktive Jäger. Für die Futtersuche verlassen sie ihre relativ sicheren unterirdischen Nester in den heißesten Stunden des Tages, wenn die meisten anderen Lebewesen sich in ihre Löcher verkriechen und abwarten, dass es kühler wird. Ihre Beute besteht aus Insekten und wirbellosen Tieren, die den Fehler machen, sich in der brüllenden Hitze draußen herumzutreiben, und das mit dem Leben bezahlen.

Bevor sie sich auf Futtersuche begeben, präparieren Silberameisen sich mit einem geschickten Stoffwechseltrick für die hohen Temperaturen. Alle Lebewesen bilden sogenannte Hitzeschockproteine, die ihre empfindlichen Zellstrukturen schützen. Die meisten Tiere produzieren sie, nachdem sie großer Hitze ausgesetzt waren. Silberameisen hingegen können sie schon bilden, bevor sie ihr vergleichsweise kühles Nest für die Nahrungssuche verlassen. So ist ihr Körper schon im Voraus gewappnet.

Dank der Hitzeschockproteine überleben Silberameisen deutlich höhere Temperaturen als andere Tiere, doch bei 53,6 °C ist auch für sie Schluss. Übersteigt ihre Kerntemperatur im Körper diesen Wert, werden sie innerlich geröstet. Also bleiben ihnen nur wenige Minuten, um Futter aufzutreiben und sich wieder ins kühle Nest zu flüchten. Glücklicherweise sind sie extrem schnell unterwegs. Sie gehören, im Verhältnis zu ihrer Größe, zu den schnellsten Tieren der Welt und erreichen Geschwindigkeiten von rund 3,1 km/h. Das mag für uns nicht gerade atemberaubend klingen. Wollte ein Mensch sich jedoch mit einer vergleichbaren Geschwindigkeit bewegen, wären 720 km/h nötig – fast 20-mal schneller als ein olympischer Sprinter.

Gemessen an ihrer Größe, sind sie die schnellsten Tiere der Erde.

Und die silbernen Haare, die den Körper der Silberameise bedecken, sehen nicht nur schick aus, sondern erfüllen auch einen lebenswichtigen Zweck: Sie reflektieren Licht und Hitze. Unter dem Elektronenmikroskop betrachtet, haben die Haare einen dreieckigen Querschnitt. Dank dieser Form reflektieren sie nicht nur die Sonnenstrahlen, sondern leiten die Hitze auch vom Körper ab. Das silberne Haarkleid reduziert die Körpertemperatur der Ameise um 5–10 °C und dient in den technischen Wissenschaften als Vorbild für die Herstellung biomimetischer Strukturen, die Hitze sowohl reflektieren als auch ableiten.

Und als wären leistungsfähige Hitzeschockproteine, extreme Schnelligkeit und eine reflektierende Außenhaut noch nicht genug, verfügen die Ameisen auch noch über einen ausgezeichneten Orientierungssinn. Sie „zählen“ nicht nur ihre Schritte, sondern drehen auch noch regelmäßig Pirouetten, um den Sonnenstand zu ermitteln und Orientierungspunkte zu verinnerlichen. Dank dieses eingebauten GPS können sie ihre Zeit im Freien optimal nutzen und finden den Weg nach Hause ins Nest, ohne sich zu verirren – was ihren Tod bedeuten würde.

SILBERAMEISE

Dank ihres reflektierenden Haarkleids und diverser anderer spezifischer Merkmale kann diese Ameise kurze Zeit in der glühenden Mittagshitze der Wüste überleben und dabei auf Futtersuche gehen.

TROGONOPTERA BROOKIANA — SÜDOSTASIEN

TROGONOPTERA BROOKIANA

Der Schmetterling *Trogonoptera brookiana* aus der Familie der Ritterfalter, auch als Rajah Brooke's Birdwing bekannt, ist ein enorm eindrucksvolles Tier, nahezu riesig und noch dazu eine Sammlerlegende. Die mikroskopischen Flügelschuppen in Kombination mit den Pigmentfarben sind ein echter Blickfang: Auf dem schwarzen, samtenen Untergrund blitzen neongrüne und rote Zeichnungen auf. Insbesondere die Männchen sind außergewöhnlich. Ich durfte einmal erleben, wie eine große Gruppe Männchen am Ufer eines Flusses in Borneo „badete" und mithilfe ihrer langen Rüssel Flüssigkeit und Salze aufnahm. Die deutlich weniger spektakulär aussehenden Weibchen sind vor allem damit beschäftigt, die giftige Pfeifenblume *Aristolochia foveolata* aufzuspüren, von der sich ihre Raupen ernähren. Die Raupen nehmen das Gift mit der Nahrung auf und bauen es in ihr Gewebe ein, wo es auch im Erwachsenenalter verbleibt, angezeigt durch die auffälligen Zeichnungen des erwachsenen Tieres, die der Abschreckung von Fressfeinden dienen.

Seinen Namen verdankt der Schmetterling James Brooke, einem in Indien geborenen Soldaten aus privilegierten Verhältnissen. Er lebte zur Blütezeit des britischen Empire, die von bemerkenswerten Errungenschaften, aber auch einer fragwürdigen Kolonialpolitik geprägt war. 1841 überantwortete der Sultan von Brunei Brooke die Herrschaft über Sarawak als Dank für seine Unterstützung bei der Befriedung der überhandnehmenden Aufstände in der Region. Brooke aber wollte mehr und wurde 1842 Raja (Herrscher) von Sarawak. Bemerkenswert! Er half außerdem, die Weichen für die Wallace-Expedition durch den Malaiischen Archipel zu stellen (siehe Seite 80), und zum Dank benannte der britische Evolutionsforscher Alfred Russel Wallace viele Arten nach Brooke.

Beheimatet ist der malaysische Nationalschmetterling in dem breiten Band aus nebelverhangenen Regenwäldern, das von Sumatra über die Riau-Inseln und die malaysische Halbinsel bis nach Borneo reicht. Dass er Briefmarken, Kunstwerke und Souvenirs ziert, ist seinem Aussehen und seiner Gefährdung zu verdanken. Seine heimatlichen Regenwälder fallen in rasender Geschwindigkeit Palmölplantagen und anderen Monokulturen zum Opfer. Wie ich aus eigener Anschauung weiß, lassen die uralten Wälder mit ihren riesigen Bäumen und fantastischen Tierarten – fliegenden Frösche, Geckos und Schlangen, Gibbons und Orang-Utans, um nur einige zu nennen – sich in ihrer Großartigkeit kaum beschreiben.

Doch gefährdet ist die Art nicht nur wegen des Verlusts an Lebensraum, sondern auch, weil sie als begehrte Handelsware gejagt wird. So ist der Schmetterling inzwischen offiziell geschützt, und es ist verboten, Exemplare ohne Genehmigung außer Landes zu bringen, was professionelle Schmuggler jedoch weitgehend kalt lässt, obwohl die Geldstrafen alles andere als Peanuts sind. Wildtierschmuggler sind in der Lage, alle möglichen Tiere über die Grenzen zu bringen, vergleichsweise kleine Insekten dürften für sie also keine große Herausforderung darstellen.

RIESENBLATTSCHRECKE

Die Familie der Laubheuschrecken ist mit über 8000 Arten, von denen die meisten in den Tropen leben, sehr groß. Sie haben zwar Ähnlichkeit mit Grashüpfern, unterscheiden sich jedoch durch ihre langen, dünnen Fühler. Viele Heuschreckenarten sind Meister der Tarnung und ahmen lebendes und totes Laub und sogar Flechten nach. Manche Arten tarnen sich so geschickt, dass man es kaum glauben mag: Sie tragen Zeichnungen, die aussehen wie Blattadern, Pilzbefall und sogar Fraßspuren, und können noch dazu unvorstellbar lange reglos in einer Position verharren, was den Täuschungseffekt noch verstärkt.

Grund für ihre eindrucksvolle Fähigkeit zur Tarnung sind die zahllosen Fressfeinde. Heuschrecken sind die reinsten Proteinbomben, reich an Fetten und anderen Nährstoffen. Viele Arten sind sehr groß – die in Neuguinea und Australien beheimatete *Siliquofera grandis* etwa wird bis zu 13 cm lang und hat eine Flügelspannweite von bis zu 27 cm. Aufgrund ihrer Größe stehen sie auf dem Speisezettel von größeren Vögeln, Säugern, Reptilien, anderen Insekten und Spinnen. In Costa Rica habe ich erlebt, wie Horden von Kapuzineraffen auf der Suche nach Insekten und insbesondere ruhenden Laubheuschrecken die niedrigen Küstenwälder durchstreifen. Manchmal können die Heuschrecken knapp entkommen und büßen dabei nur ein oder zwei Gliedmaßen ein, doch oft genug landen sie in Windeseile in den gierigen Affenmäulern.

Laubheuschrecken sind nachtaktiv, doch auch wenn die meisten ihrer Feinde schlafen, sind sie nicht sicher. In der Dunkelheit geht die größte Gefahr für sie von Fledermäusen aus, die auf die „Balzgesänge" horchen, die Laubheuschrecken durch das Aneinanderreiben ihrer Flügel erzeugen. Ein Flügel verfügt über eine Schrillkante, der andere hat eine Schrillleiste, bestehend aus einer Reihe kleiner Zähnchen, und jede Art hat ihren eigenen Sound. So verdankt die Familie der Laubheuschrecken ihre englische Bezeichnung „Katydid" der dreistimmigen Tonfolge „ka-ty-did". In tropischen Wäldern besteht der nächtliche Klangteppich aus diesen Gesängen und anderen Geräuschen, die das menschliche Gehör teilweise gar nicht wahrnehmen kann. Mit ihren Gesängen betören die Männchen die Weibchen, noch dazu helfen sie ihnen, sich im Gewirr aus Bäumen, Büschen und Lianen gegenseitig zu finden. Die Fledermäuse horchen, orten die Sänger und schwärmen in der Dunkelheit aus, um sie zu schnappen. Allerdings haben die Laubheuschrecken doch noch ein Ass im Ärmel, denn ihre an den Vorderbeinen befindlichen Ohren sind ebenso empfindlich wie das Gehör der Fledermäuse. So können sie die von den Fledermäusen zur Echoortung ausgesendeten Schallwellen hören und verstummen sodann, um ihren genauen Standort nicht zu verraten.

SILIQUOFERA GRANDIS — NEUGUINEA

MEGASCOLIA PROCER — SÜDOSTASIEN

MEGASCOLIA PROCER

Neben den Tarantulafalken (siehe Seite 60) sind Dolchwespen die größten Wespen überhaupt und sicherlich die gewaltigsten. Auf Englisch heißen sie zu Recht „Mammoth wasps" (Mammutwespen) und ihr Anblick ist wirklich eindrucksvoll. In Nordafrika habe ich einmal gesehen, wie im Frühling eine große Gruppe weiblicher Dolchwespen mit ihren glitzernden Flügeln auf der Suche nach Nektar und Wirten umherschwirrte. Möglicherweise dienen die irisierenden Warnfarben ihrer Flügel der Ablenkung ihrer Fressfeinde und bieten damit einen gewissen Schutz. Sie signalisieren, dass die Weibchen einen Stachel haben und auch wissen, wie man ihn benutzt.

Heimat der riesigen *Megascolia procer* ist ein breiter Landstrich quer durch Indien bis nach Java. Wie bei den übrigen Dolchwespen haben die Weibchen dicke, kräftige Beine, die sich ausgezeichnet zum Graben eignen – was für eine erwachsene Wespe eher ungewöhnlich ist. Sie graben nach dicken Käferlarven, auf denen ihre eigenen Larven heranwachsen. Diese Wirte leben unter der Erde oder in staubigen Ablagerungen in hohlen Bäumen und Baumstümpfen. Wirte von *Megascolia procer* sind die plumpen Larven des herrlich anzusehenden dreihornigen Atlaskäfers und seiner Verwandten.

In ihrem komplexen Habitat ortet *Megascolia procer* ihre Wirte über den Geruchssinn: Die Weibchen können winzige Mengen von Chemikalien in der Luft wahrnehmen, die verraten, dass in der Nähe Käferlarven im Boden versteckt sind. Sie folgen der Duftspur zunächst im Flug und dann am Boden, wo sie Tunnel graben, bis sie ihre Beute schließlich entdeckt haben.

Sie packen die Larven mit ihren gebogenen Mundwerkzeugen und bringen sie in Position. Dann stechen sie auf der Unterseite in alle Segmente bis auf die letzten drei. Mit denen halten sie sich nicht auf, weil sie nicht über Ganglien verfügen, also kleine Nervenfaserbündel, die Segment für Segment als Minigehirn fungieren. Das Gift, das beim Einstechen abgesondert wird, führt zu einer Lähmung. Wie sich das anfühlt, durfte ich selbst schon erleben, als ich in Peru von einer Dolchwespe gestochen wurde. Die Wirkung des Gifts war eher gering, was nicht verwundert, da ich ja kein üblicher Wirt war.

Sobald die Larve hinlänglich gelähmt ist, legt die Wespe ein Ei darauf ab und geht dann weiter auf Wirtssuche. Nach einigen Tagen schlüpft die Wespenlarve und verspeist die gesamte Wirtslarve bis auf das Außenskelett, danach verpuppt sie sich in einem Kokon. Nach dem Schlupf sind Dolchwespen sehr gierig nach Nektar und damit wertvolle Bestäuber. Einige Orchideenarten locken die Männchen verschiedener Arten sogar als Bestäuber an, indem sie den Duft und das Aussehen einer weiblichen Wespe nachahmen. Bei dem Versuch, sich mit der Pflanze zu paaren, nimmt die männliche Wespe die klebrige Pollenmasse auf und trägt sie dann zu anderen Blüten.

JUWELWESPE

Bei vielen giftigen Tierarten haben sich die Substanzen, die sie ihrer Beute oder ihren Fressfeinden per Stich oder Biss injizieren, im Laufe der Zeit zu weit mehr als bloßen Tötungs- oder Abschreckungsmitteln entwickelt. Bei manchen parasitär lebenden Wespen ist der Giftstoff so komplex, dass er das Verhalten der Beute manipuliert und ihre Bewegungen und Aktivitäten kontrolliert.

Die zu den Grabwespen zählende Juwelwespe *(Ampulex compressa)* ist ein solches Insekt. Sie jagt ausschließlich Kakerlaken. Unter Einsatz ihrer leistungsfähigen Sinne landet sie auf einer unachtsamen Kakerlake, ringt mit ihr und platziert dann einen ersten Stich in einen der Knoten des zentralen Nervensystems im Brustbereich, um die Beine zu lähmen. Durch die Blockade der Nervenzellen können Nervenimpulse nicht mehr weitergeleitet werden. So verursacht das Gift eine vorübergehende Lähmung von zwei bis fünf Minuten.

Ist die Beute derart beeinträchtigt, muss die Wespe möglichst schnell ihren zweiten Stich setzen. Mithilfe von Sinnesrezeptoren an ihrer Stachelspitze injiziert sie mit chirurgischer Präzision eine kleine Dosis Gift in die Hirnregion der Kakerlake, die den Fluchtreflex kontrolliert.

Die Kakerlake erholt sich zwar recht bald von der Lähmung, doch mit dem zweiten Stich macht die Wespe einen Zombie aus ihr. Statt das Weite zu suchen und in Deckung zu gehen, bleibt sie, wo sie ist, und putzt sich in aller Ruhe ca. 30 Minuten lang, während die Wespe sich auf die Suche nach einem passenden Lagerplatz macht.

Bei ihrer Rückkehr gibt die Wespe der Kakerlake einen Vorgeschmack auf das, was noch kommt, und beißt ihr einen Fühler ab, um dann das herausfließende Blut aufzusaugen. Das Ganze ist nicht nur ein kleiner Snack, sondern gibt auch Auskunft über den Giftgehalt des Blutes. Dann führt sie die Kakerlake wie ein Haustier an ihrem verbliebenen Fühler in das gewählte Versteck und legt ein einzelnes Ei auf der willenlosen Kakerlake ab.

Diese ist zu dem Zeitpunkt zwar benommen, aber nicht tot und weiter in der Lage, sich zu putzen. Die Wespe verschließt das Versteck mit kleinen Steinen, um andere Fressfeinde fernzuhalten, denn Fluchtgefahr besteht weiterhin nicht. Wenn die Wespenlarve schlüpft, findet sie sich auf einem Berg sich selbst reinigender Nahrung wieder, die sie sogleich zu verspeisen beginnt. Nach zwei Tagen ist die Larve groß genug, um sich in das Innere ihres Wirts zu graben, und nach vier bis fünf Tagen hat sie ihn fast vollständig ausgehöhlt. Nach rund acht Tagen verpuppt die Larve sich und spinnt sich in der Kakerlakenhülle in einen Seidenkokon ein. Die adulte Wespe schlüpft nach rund vier Wochen, und der Kreislauf beginnt von vorn.

Das Ganze mag makaber sein, ist aber für das ökologische Gleichgewicht sehr wichtig. Wespen sind für die Regulierung der Populationen anderer Insekten und Spinnen von enormer Bedeutung. In den menschlichen Haushalten ihrer Heimatregionen ist die Juwelwespe ein gern gesehener Gast, denn sie trägt zur Eindämmung von Kakerlakenplagen bei. Auf Hawaii wurde sie sogar eigens angesiedelt, um die dortige Kakerlakenplage unter Kontrolle zu bringen. Leider mit nur wenig Erfolg.

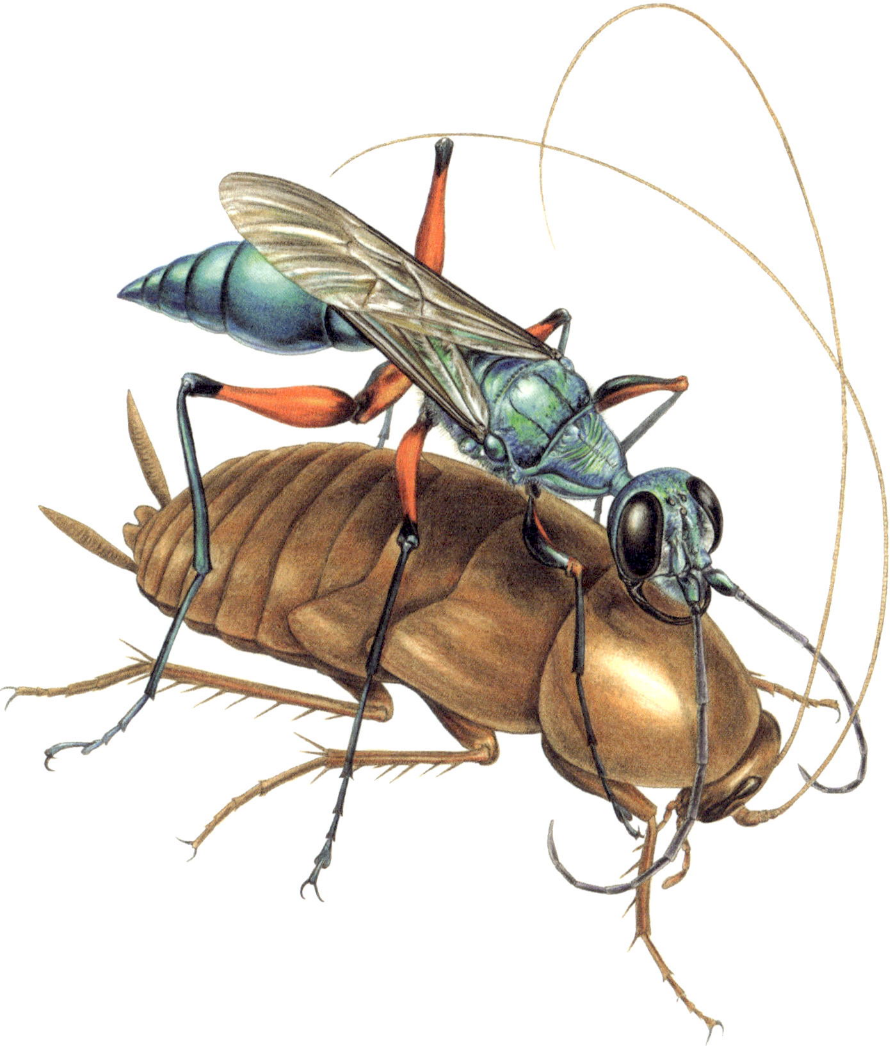

AMPULEX COMPRESSA

AFRIKANISCHE &
ASIATISCHE TROPEN

PYROPHORUS

In der aufziehenden Dunkelheit eines costa-ricanischen Waldes hatte ich einmal eine äußerst seltsame Begegnung: Lauter kleine grüne Lichter schwirrten dort durch die Gegend, dazu war die Luft erfüllt vom unverwechselbaren Sirren von Insektenflügeln. Die Lichter gehörten *Pyrophorus nyctophanus*, deren grüne Lichtorgane so hell leuchten, dass man dabei lesen kann, also heller als bei jedem anderen Insekt. Im Flug leuchtet außerdem ein oranges Licht an ihrem Bauch, das verblüffend an ein Rücklicht erinnert.

Dass Lebewesen Licht produzieren können (Biolumineszenz), ist eine faszinierende Sache, und Käfer sind Meister darin. Bei Leuchtinsekten reagiert das Enzym Luciferase auf einen Stoff namens Luciferin, und als Nebenprodukt dieser chemischen Reaktion entsteht Licht. Anders als der Glühfaden einer Glühlampe, der sehr heiß wird, ist die chemische Reaktion im Insekt extrem effizient und erzeugt kaum Wärme. Moderne LED-Leuchten sind zwar ebenfalls sehr effizient und produzieren wenig Hitze, doch die natürliche Lichtproduktion ist noch effizienter.

Die Käfer benötigen ihre Lichter nicht, um sich zu orientieren, sondern um möglichen Fressfeinden zu signalisieren, dass sie giftig sind. Dieses Signal wird übrigens von einer Reihe bedenkenlos verzehrbarer Kakerlaken imitiert. *Pyrophorus*-Larven sind ebenfalls mit Lichtern ausgestattet. Viele von ihnen leben in totem und morschem Holz, doch im brasilianischen Cerrado gibt es eine Art, die sich in verlassene

Termitenhügel eingräbt. Nachts bringen Hunderte, ja Tausende Larven diese Hügel mit ihren Lichtern zum Leuchten, um ihr Abendessen anzulocken, denn der grüne Schimmer übt eine große Anziehungskraft auf andere Insekten wie etwa fliegende Termiten aus, die sich dann auf dem Hügel niederlassen und umgehend von den Larven verspeist werden.

Im grünen Licht des Leuchtschnellkäfers kann man sogar lesen!

Der *Pyrophorus nyctophanus* gehört zur Familie der Schnellkäfer mit insgesamt rund 10 000 Arten, die sich durch ihre elegante Gestalt auszeichnen.

Wird ein Schnellkäfer von einem Fressfeind bedroht, lässt er sich auf den Boden fallen und stellt sich – auf dem Rücken liegend – tot. Nähert sich dann ein hungriges Säugetier oder ein Vogel, um die Beute zu inspizieren, setzt der Käfer seine Geheimwaffe ein und katapultiert sich mit einem hörbaren Klickgeräusch in die Luft – so oft, bis der Jäger verwirrt aufgibt. Diese geniale Superkraft verdankt sich einer Art Hakenvorrichtung unterhalb der Brust des Käfers. Mithilfe von Muskeln und dank des enorm dehnbaren Proteins Resilin kann dieser Haken durch Brustbewegungen einrasten. Im Augenblick der Gefahr wird der Mechanismus ausgelöst und der Käfer wird eben mit einem Klickgeräusch in die Luft geschleudert.

PYROPHORUS

Mit seinen beiden „Scheinwerfern“ erzeugt dieser Käfer ein leuchtend grünes Licht, das heller ist als bei jedem anderen Leuchtinsekt.

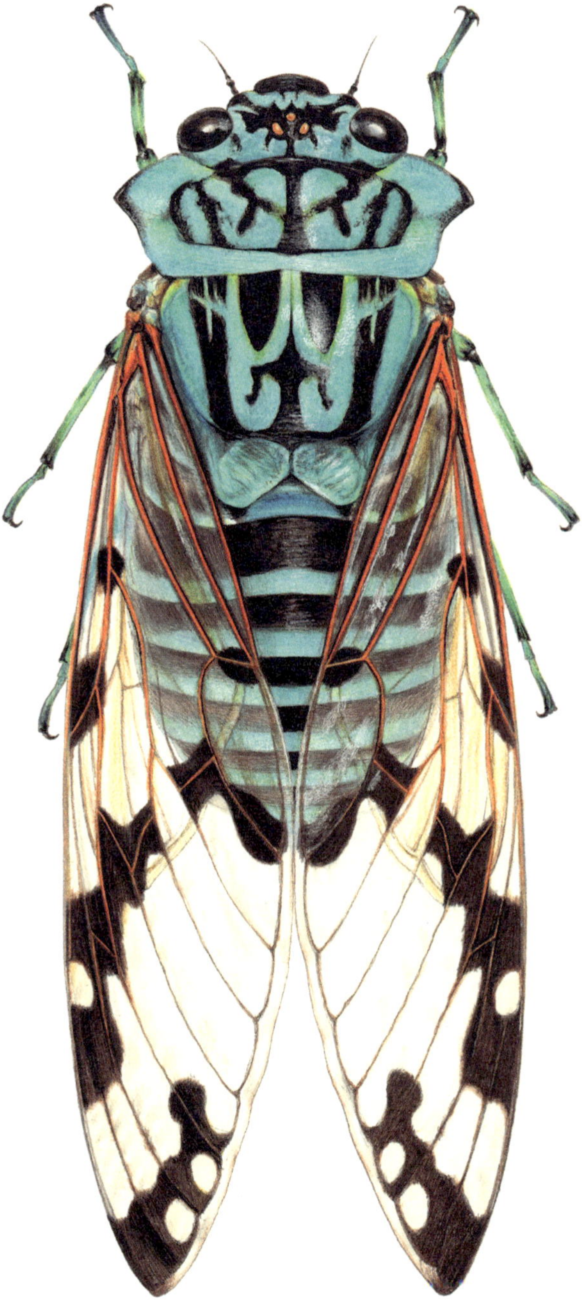

ZAMMARA SMARAGDINA MITTEL- & SÜDAMERIKA

ZIKADE

Die leuchtend blaugrünen Smaragd-Zikaden *(Zammara smaragdina)* leben in den tropischen Wäldern Mittel- und Südamerikas. Zikaden machen rund um den Globus an vielen Orten ordentlich Radau. Ihre Gesänge sind bizarr, wunderschön und manchmal auch nervtötend. Dort, wo Zikaden zu Hause sind, liefern sie ein alltägliches Hintergrundgeräusch. Insgesamt gibt es über 3000 Arten, von denen jede ihren ganz eigenen Gesang hat. Die Laute reichen von für den Menschen nicht wahrnehmbaren Rufen bis zu ohrenbetäubendem Lärm, der einen in direkter Nähe zusammenzucken lässt. Die lautesten Rufe erreichen die Lautstärke eines Presslufthammers und gehören damit zu den lautesten Geräuschen, die Tiere überhaupt erzeugen können.

Für den Gesang sind nur die männlichen Zikaden verantwortlich, die ihn mithilfe ihres am Bauch befindlichen, aus zwei gerippten Membranplatten bestehenden Trommelorgans erzeugen. Die daran ansetzenden Muskeln versetzen die Membranen durch Kontraktionen in Schwingung. So entsteht ein Geräusch, das im nahezu hohlen, als Resonanzkörper dienenden Hinterleib verstärkt und über die an der Unterseite des Hinterleibs befindlichen Trommelorgane (Tymbalen) nach außen übertragen wird. Während das Männchen singt, schützt es sein Gehör vor dem eigenen Geräusch.

Zikaden ernähren sich von Pflanzensäften: Im Larvenstadium graben sie sich mithilfe angepasster Vorderbeine (scharfe Klauen und Gelenke mit besonderer Hebelwirkung) bis zu 2,5 m in den Boden ein und legen Kammern rund um die Baumwurzeln an, von denen sie sich ernähren. Insgesamt bleiben sie je nach Art zwischen zwei und 17 Jahren im Boden. In den USA treten die bekannten „Periodischen Zikaden" alle 13 oder 17 Jahre massenweise im adulten Stadium auf. Warum das so ist, weiß man nicht – möglicherweise verschafft ihnen das einen Vorteil gegenüber ihren zahlreichen Fressfeinden. Bei manchen Arten bauen die erwachsenen Tiere kurz vor ihrem Auftauchen an der Oberfläche hohle Lehmtürme, die quasi über Nacht aus dem Waldboden wachsen.

Die Pflanzensäfte, die die Zikaden mit ihren Saugrüsseln aus den Pflanzen aufnehmen, bestehen im Wesentlichen aus Zucker und enthalten nur kleine Mengen der Nährstoffe, die für die Zikaden so wichtig sind – vor allem für die Reifung der Eier der weiblichen Tiere. Um ausreichend mit Nährstoffen versorgt zu werden, müssen sie darum beachtliche Mengen zu sich nehmen – täglich etwa das 300-Fache ihres Körpergewichts. In ihrem Darm befinden sich diverse Mikroorganismen, die die Pflanzensäfte verarbeiten, verdauen und so Aminosäuren und andere für die Zikade wichtige Nährstoffe produzieren. Ohne die Mikroben könnten die Zikaden nicht von den Pflanzensäften leben. Das überschüssige Wasser wird blitzschnell im hohen Bogen als Urin ausgeschieden und wässert Pflanzenwelt und Boden. Einige Wüstenzikaden benutzen das Wasser auch zur Abkühlung und scheiden es über spezielle Poren aus, sodass es in Körpernähe verdampft.

FULCIDAX

Dieser plumpe Geselle gehört zur Familie der Blattkäfer, die mit über 37 000 bekannten Arten eine der größten Käferfamilien überhaupt bildet. Entwickelt hat sie sich parallel zur Pflanzenevolution, die zur Hochzeit der Dinosaurier vor rund 100 Millionen Jahren in einer Vielfalt von Farben und Formen schier explodierte. Mit der Entstehung neuer Pflanzenarten entwickelten und diversifizierten die Käfer sich entsprechend den neuen Gegebenheiten. Viele Blattkäfer halten sich, wie der Name schon andeutet, gern auf den Blättern ihrer Wirtspflanzen auf. Diese Lebensweise in Kombination mit ihren leuchtenden Farben und Mustern sowie ihrer Vorliebe für unsere Feldfrüchte und Zierpflanzen hat sie bekannt gemacht. Von Kartoffelkäfer und Lilienhähnchen zum Beispiel dürften die meisten schon gehört haben.

Doch *Fulcidacini*, im englischen Sprachraum als Warty Leaf Beetle [Warziger Blattkäfer] bekannt, ist durchaus ein Sonderfall. Anders als andere Blattkäfer, deren Larven sich von den gleichen Pflanzen wie die adulten Insekten ernähren, verfolgt diese fassförmige Schönheit einen eher unorthodoxen Ansatz.

Wenn das warzige Weibchen ein Ei legt, balanciert es es geschickt in einer tassenähnlichen Vertiefung in ihrem Hinterleib und rollt es dabei mit ihren Hinterbeinen, um es mit kleinen Plättchen ihres eigenen Kots nach und nach vollständig zu umhüllen, bis es aussieht wie ein winziger Tannenzapfen. Als Student habe ich viel Zeit damit verbracht, diese Käfer zu beobachten und zuzusehen, wie die Weibchen 15–20 Minuten damit verbringen, ein einzelnes Ei sorgfältig zu umhüllen.

Ist das erledigt, schnippst das Weibchen das so geschützte Ei ins Laub oder klebt es an die Pflanze, auf der es sitzt. Schlüpft die Larve, bricht sie so weit aus der Hülle heraus, dass ihr Kopf und die starken Beine hervorlugen. Dann macht sie sich auf den Weg, die Hülle noch „am Mann“. Beim kleinsten Anzeichen von Gefahr zieht die winzige Larve sich wieder in die Hülle zurück und verschließt den Eingang mit ihrem harten Kopf. Sie ernährt sich von herabgefallenen Blättern und frischem Pflanzenmaterial. Mit ihrem Wachstum muss sich auch die Hülle vergrößern. Um sie zu weiten, knabbert sie in Längsrichtung einen Schlitz hinein, den sie dann mit einem Brei aus ihren eigenen Exkrementen und Speichel verschließt. Wenn die Zeit reif ist, versiegelt die Larve die Hülle komplett, dreht sich herum und verpuppt sich. Das adulte Insekt knabbert wiederum am Ende der Hülle einen perfekten Deckel ab, krabbelt heraus und macht sich davon.

Die adulten Tiere sind sehr aktiv, krabbeln auf ihren Futterpflanzen herum und beginnen bald zu fliegen. Droht Gefahr, klappen sie instinktiv ihre Beine und Fühler ein und lassen sich auf den Boden fallen. Beim *Fulcidax* wird dieses Verhalten durch sein Erscheinungsbild noch perfektioniert: Reglos auf dem Boden liegend, sieht er aus wie Raupenkot.

FULCIDAX SÜDAMERIKA

GROSSARTIG

GROSSE DOBSONFLIEGE

Mit diesem Buch will ich Ihnen einen Eindruck von der außergewöhnlichen Vielfalt der Insektenwelt vermitteln, und vielleicht sind Sie nach der Lektüre genauso fasziniert davon wie ich. Natürlich gibt es unter all den Arten auch einige angsteinflößende. Die Große Dobsonfliege *(Protohermes grandis)* ist ein solcher Kandidat, der alles hat, was manche Menschen abstößt und zur Fliegenklatsche greifen lässt, obwohl in diesem Fall ein Badmintonschläger vielleicht geeigneter wäre.

Das riesige Insekt erinnert an ein gehörntes Fabelwesen aus einem mittelalterlichen Bestiarium. Aber wie fast alle Insekten ist auch die Dobsonfliege meistens harmlos. Ich erwähne „meistens", weil das Dobson-Weibchen und auch die Larven ein kurzes, kräftiges Mundwerkzeug haben, mit dem sie ordentlich zubeißen können. Ganz anders die Männchen, bei denen es – wie so oft – nur um den äußeren Schein geht und deren lange, sichelförmige Mandibeln viel zu unpraktisch sind, um potenzielle Feinde wegzubeißen. Dafür werden sie wie das Geweih brünstiger Hirsche oder die Hörner testosterongeschwängerter Widder bei Balzkämpfen mit Geschlechtsgenossen eingesetzt. Die Männchen beharken sich mit ihren Mandibeln, bis eines vom Uferstein oder Baumstamm herunterfällt oder sich verdrängen lässt. Der Sieger hat die Chance, sich mit einer der anwesenden Dobson-Damen zu paaren.

Nach der Paarung zieht sich das Weibchen an das Ufer eines fließenden Gewässers zurück und legt seine Eier zwischen den Steinen ab. Die Larven sind, wenn sie schließlich schlüpfen, Wassertierchen mit Kiemen, leben bis zu ihrer Metamorphose zwischen den Steinen im Flussbett und schnappen mit ihren kräftigen Mandibeln nach allen Tieren, die kleiner sind als sie selbst. Es kann mehrere Jahre dauern, bis sie ausreichend groß sind, um sich zu verpuppen. Dann verlassen sie das Wasser und suchen sich eine geschützte Stelle, zum Beispiel unter einem Stein oder Baumstamm, wo sie ihre Metamorphose vollziehen. An manchen Orten können Gewitterstürme einen Massenexodus reifer Larven auslösen, die das Wasser zur Verpuppung fluchtartig verlassen.

Wie bei so vielen anderen Insekten ist das Leben der adulten Tiere nach dem Puppenstadium vergleichsweise kurz. Bei einigen bekannteren Arten leben die Männchen nur drei Tage, gerade genug Zeit, um sich zu balgen und zu paaren. Die Weibchen leben etwas länger, schaffen aber auch nicht mehr als etwa zehn Tage. Eine erwachsene Große Dobsonfliege ist ein echtes Ungetüm mit einer Flügelspannweite von über 20 cm und das größte aller Wasserinsekten. Sie ist in ganz Südchina und Nordvietnam verbreitet und reagiert sehr empfindlich auf Wasser- und Lichtverschmutzung. Verunreinigtes Wasser schädigt oder tötet sogar die Larven, während künstliches Licht extrem anziehend auf die adulten Tiere wirkt, die kostbare Zeit ihres kurzen Lebens vergeuden, indem sie völlig sinnlos um eine Straßenlaterne kreisen.

PROTOHERMES GRANDIS —— VIETNAM & CHINA

TARANTULAFALKE

Auf einer Forschungsreise im brasilianischen Amazonas in der Nähe des Ortes Novo Airão schwirrte etwas, das ich für einen kleinen Vogel hielt, vor uns über den Weg. Ein paar Schritte weiter flog das seltsame Wesen wieder an uns vorbei, aber diesmal konnte ich das Tier besser sehen: Es war keineswegs ein Vögelchen, sondern eine Wespe, genauer gesagt, eine riesige Wegwespe *Pepsis grossa*. Sie kreuzte ein drittes Mal unseren Weg, und nun hielt ich mein Fangnetz bereit. Mit schnellem Vorhandvolley hatte ich sie im Kescher und freute mich, sie genauer zu betrachten und fotografieren zu können, wohl wissend, dass ein Stich dieser Wespenart extrem schmerzhaft ist. Wenn man dem Schmidt Sting Pain Index (Schmidt-Stichschmerz-Index) Glauben schenken darf, handelt es sich um den zweitschmerzhaftesten Insektenstachel. Ich war ganz froh, als einer meiner Freunde sich eine Zigarette anzündete und das mittlerweile sehr wütende Insekt in Rauch einhüllte und auf wundersame Weise besänftigte. Die Wespe krabbelte zur Öffnung des Keschers und putzte sich minutenlang, sodass ich sie mir genau ansehen konnte.

Kein einziges Museumsexemplar reicht an den Anblick einer lebenden *Pepsis grossa* in ihrem natürlichen Habitat heran. Dasselbe gilt übrigens für *alle* in diesem Buch vorgestellten Tiere. Ihre Bewegungen, ihre Färbung und ihr Glanz sind einfach faszinierend, und diese Wespe mit ihren schimmernden Flügeln, dem schillernd schwarzen, samtigen Körper mit goldfarbener Behaarung darunter war eine echte Schönheit.

Ebenso beeindruckend wie ihr Aussehen ist die Verhaltensweise dieser Tiere. *Pepsis grossa* gehört einer großen Gruppe mit etwa 5000 bekannten Wespenarten an, die alle auf die Spinnenjagd spezialisiert sind. Wie ihr Trivialname schon andeutet, haben es Tarantulafalken besonders auf die größten Spinnen von allen abgesehen. Mit ihren kräftigen Flügeln fliegen sie umher, nehmen den verräterischen Geruch ihrer Beute auf und folgen ihm bis zur Quelle. Das letzte Stückchen Weg erfolgt auf den Füßen, wobei Flügel und Fühler ständig zucken.

Ausstrahlung, Glanz und Verhaltensweise dieser Wespen sind wirklich faszinierend.

Ganz vorsichtig kriecht die Wespe in die Höhle, in die sich die Tarantel zurückgezogen hat. Die Spinne spürt die drohende Gefahr und unternimmt – man weiß noch nicht genau, warum – einen schnellen Fluchtversuch an der Wespe vorbei ins Freie. Darauf hat die Wespe aber nur gewartet. Mit ihren Fühlern provoziert sie die Spinne zu einer Drohgebärde, bei der sie sich aufbäumt und ihre beeindruckenden Reißzähne präsentiert. Die Wespe nutzt den Moment, um zuzuschlagen, hält das zweite Beinpaar der Spinne in die Höhe und injiziert mit chirurgischer Präzision ein lähmendes Gift in ein Nervenganglion – ein Minigehirn – in der Nähe eines Beinendes. Nachdem sie ihre Beute so außer Gefecht gesetzt hat, putzen sich Tarantulafalken häufig, um dann aus der Stichwunde etwas „Spinnenblut" zu lecken, das nicht nur Nahrung ist, sondern auch, um zu prüfen, ob bereits genügend Gift verabreicht wurde. Die Spinne wird dann in ihrer eigenen Höhle oder in einer neuen, von der Wespe gegrabenen Kammer zusammen mit Wespeneiern eingeschlossen. Nach getaner Arbeit fliegt die Wespe weiter, um das nächste achtbeinige Opfer zu suchen. Die aus den Eiern schlüpfenden Larven tun sich später an der gelähmten Spinne gütlich.

Uns mag das grausam erscheinen, aber wir sollten Tarantulafalken – wie überhaupt alle Tiere – nicht nach menschlichen Maßstäben bewerten. Sie agieren nicht aus Bosheit, sondern aus Brutfürsorge. Wenn es nicht Tierarten wie diese gäbe, hätte Darwin vielleicht nie die Deutungshoheit von Religion infrage gestellt.

TARANTULAFALKE

Diese beeindruckenden riesigen Wegwespen sind auf Taranteln spezialisierte Räuber, die sie mit ihrem starken Gift lähmen.

STENUS WEIT VERBREITET

STENUS-KURZFLÜGLER

In den obersten Schichten des Erdreichs, der sogenannten Streuschicht von Wiesen und Wäldern, unter Totholz und Steinen kreucht und fleucht eine Vielzahl an kleinsten Insekten. Gemessen an ihrer Körpergröße sind Steine hohe Gipfel, Pfützen gleichen Meeren und Wiesen riesigen Urwäldern. Wie in jedem Lebensraum sind auch hier Pflanzenfresser, Aasfresser, Räuber, Parasiten (leben von ihrem Wirt) und Parasitoide (leben von ihrem Wirt und töten ihn schließlich) zu finden, und wie überall spielen sich laufend Dramen ab, von denen wir nichts ahnen, da diese Habitate von uns Menschen meist übersehen werden.

Zu den Tierchen, die diese Lebensräume bevölkern, gehören auch Kurzflügler der Gattung *Stenus*, die mit etwa 2700 beschriebenen – und bestimmt noch vielen unentdeckten – Arten eine der größten Gattungen im gesamten Tierreich bilden. Diese Käfer mit den großen, hervortretenden Facettenaugen sind in den entsprechenden Habitaten sehr häufig anzutreffen Auf der Jagd nach Beute pirschen sich die äußerst aktiven Räuber geschickt an andere kleine Gliederfüßer, wie Milben und Springschwänze, heran und erlegen sie mit ihrer Geheimwaffe, einem teleskopartigen Mundwerkzeug: Die Unterlippe (Labium) kann extrem schnell herausgefahren werden, indem Hämolymphe – das Insektenäquivalent zu Blut – hineingepumpt wird. Vollständig ausgefahren reicht die Spitze des Labiums ein paar Millimeter aus dem Käfer heraus. „Das ist doch nichts“, höre ich Sie spötteln, aber in der Welt der Winzlinge entsprechen ein paar Millimeter allemal der Hälfte der Körperlänge des Käfers und machen den entscheidenden Unterschied zwischen erfolgreicher Jagd oder Hungertod. Die ganze Aktion geht so schnell, dass der Beute keine Reaktionszeit bleibt, zumal das Ende des Labiums mit haarähnlichen Fäden und Poren besetzt ist, die eine klebrige Substanz absondern. Dann wird das teleskopartige Labium wieder eingezogen und die daran klebende Beute von den Mandibeln weiterverarbeitet.

Neben dem teleskopartigen Mundwerkzeug verfügen diese Käfer auch über ganz besondere Abwehrstrategien. Diese Mikrojäger sind wirklich extrem anpassungsfähig. Viele *Stenus*-Arten sind in Habitaten mit Gewässern zu finden, wo sie auf dem Boden und in der Vegetation herumkrabbeln und ihre klebrige Unterlippe nach ahnungslosen Beutetieren ausfahren. Dank ihrer geringen Größe und den langen Beinen können sie sich aber auch auf Wasser fortbewegen; sie sind so leicht, dass sie von der Oberflächenspannung des Wassers getragen werden. Das allein ist noch nicht außergewöhnlich, schließlich gibt es viele Tiere, die das können. Das Besondere ist, dass *Stenus*-Käfer sich bei einer Gefahr durch Fressfeinde aufs Wasser begeben und einen Chemikaliencocktail aus ihren Hinterleibsdrüsen absondern, der auf der Wasseroberfläche eine solche Energie entwickelt, dass der Käfer mit einer für seine Verhältnisse enormen Geschwindigkeit nach vorn katapultiert wird. Umgerechnet auf Größe und Gewicht eines Menschen betrüge die Geschwindigkeit 600–900 Stundenkilometer, und das in einem Bruchteil einer Sekunde – eine Beschleunigung, die Ihnen und mir nicht gut bekäme. Unnötig zu erwähnen, dass jeder Jäger von einer solchen Blitzaktion und dem Verschwinden seiner angepeilten Mahlzeit völlig überrumpelt wird.

GNITZE

Gnitzen, Gnitten oder Bartmücken sind nur ein paar Trivialnamen für Stechmücken der Familie der *Ceratopogonidae*. Es mag noch weitere Bezeichnungen geben, die alle mit einer gewissen Verachtung oder Wut ausgesprochen werden, was umso verständlicher ist, wenn man eine gewisse Zeit an einem Ort war, an dem mehr als eines dieser kleinen Biester herumschwirrt. Steckmücken sind winzig und kommen daher an alle möglichen Stellen, an die größere Fliegen und Mücken nicht gelangen, und ihre Stiche sind deutlich ärgerlicher, als es die Körpergröße der Tierchen vermuten lässt. Es entbehrt nicht einer gewissen Ironie, dass man sich in vielen gemäßigten Klimazonen der Welt in den warmen Monaten, wenn man eigentlich nur die Sonne genießen will, auch mit den nach Blut dürstenden Mückenweibchen herumschlagen muss. Denn das ist der einzige Grund, weshalb sie zustechen: Hunger.

Zugegeben, Mücken können eine echte Plage sein. Aber es sind auch faszinierende und wichtige Insekten, nicht zuletzt, weil einige Arten, darunter die hier abgebildete, die Blüten des Kakaobaums bestäuben und so letztlich dafür verantwortlich sind, dass wir Schokolade essen können. Mehr als eine faire Entschädigung für ihr nervtötendes Summen und die fiesen Stiche, oder? Absurderweise ist die Kakaoproduktion in vielen Ländern ein so bedeutender Wirtschaftszweig, dass durch neue Anbauflächen in Monokultur immer mehr Mückenlebensräume zerstört werden. Dabei wäre die Erhaltung ökologisch vielfältiger Habitate die einzige Möglichkeit, die Schokoladenproduktion langfristig zu sichern.

Stechmücken versorgen uns nicht nur (mittelbar) mit Schokolade, sie sind auch Weltrekordhalter im Flügelschlag: Ihre winzigen Flügel schaffen nämlich unglaubliche 1000 Hertz – mehr als bei jedem anderen Lebewesen! Verantwortlich dafür sind die Elastizität der Flügel und die Anordnung spezieller Flugmuskeln im Brustsegment (Thorax). Dabei handelt es sich um eine indirekte Flugmuskulatur, die nur Insekten haben. Anders als unsere Muskeln, die für jede Kontraktion einen neuen elektrischen Nervenimpuls benötigen, kontrahieren indirekte Flugmuskeln mit jedem Nervensignal mehrmals, sobald der Impuls durch Überdehnung ausgelöst wird. Die Bewegung der Flügel erfolgt über eine Thoraxverformung: Er wird abwechselnd längs bzw. quer kontrahiert und wieder ausgedehnt. Dies geschieht bis zu 1000 Mal pro Sekunde in einem Thorax, der nicht mal einen Millimeter breit ist! Es versteht sich von selbst, dass pfiffige Ingenieure versuchen, diesen Mechanismus nachzubilden, um Miniaturdrohnen anzutreiben.

Bei einigen Stechmücken, die sich vom Blut anderer Insekten ernähren, überwiegt die Gier nach Nahrung das Bedürfnis nach der Mahlzeit davonzufliegen. Wenn sie erst mal auf einem geeigneten Wirt gelandet sind und ihn angezapft haben, sind sie so durstig und irgendwann so voll, dass sie Zecken ähneln. Sie verzichten auf Flügel- und Beineinsatz und halten sich nur noch mit ihrem Mundwerkzeug am Wirt fest, bis sie schließlich übersatt abfallen, ihre Eier ablegen und sterben.

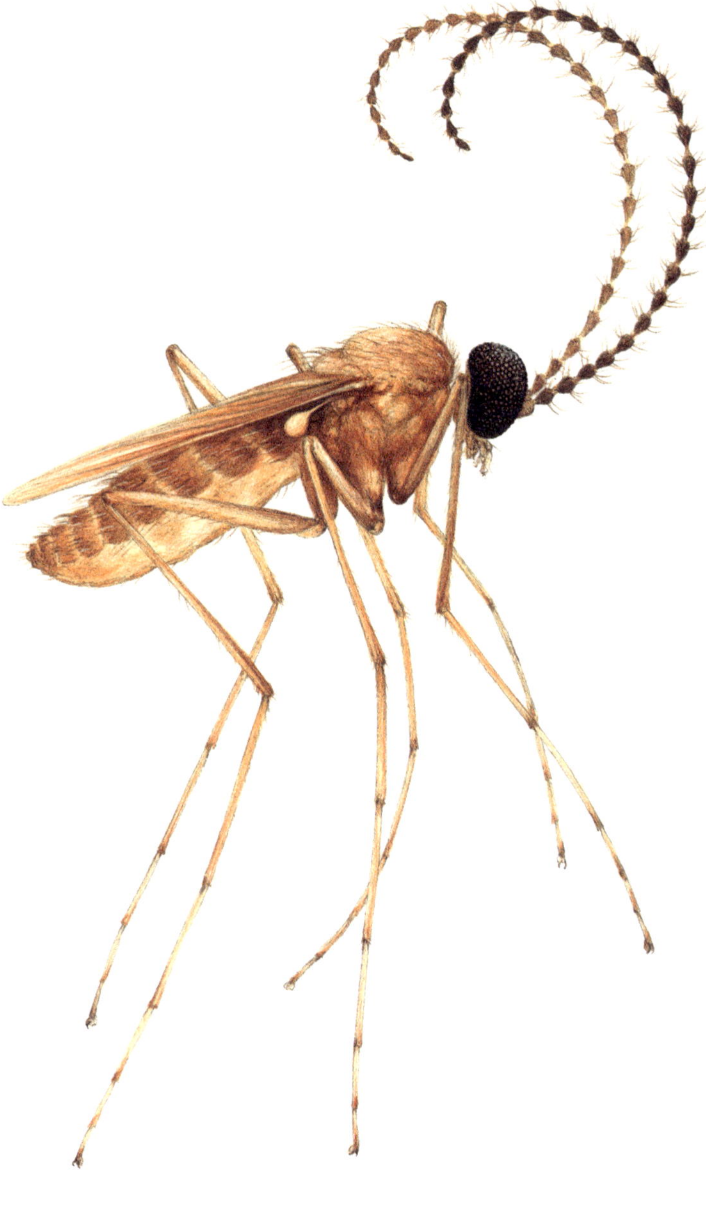

CERATOPOGONIDAE — WEIT VERBREITET

BELOSTOMATIDAE — WEIT VERBREITET

RIESENWASSERWANZE

Einmal stand ich in einem Straßengraben im Nariva-Sumpfgebiet in Trinidad. Ich war auf der Suche nach Insekten und half Freunden, Guppys für ihre Forschung zu sammeln. Neben einigen Guppys verhedderte sich auch eine gut 10 cm große Riesenwasserwanze im Netz. Riesenwanzen sind nicht nur groß und stark, sie haben auch klappmesserartige Fangbeine und ihr Biss soll sehr schmerzhaft sein. Hüfthoch im Wasser stehend versuchte ich, das Tier vorsichtig aus dem Netz zu befreien, was gar nicht so einfach war, denn zum einen hatte ich nasse Hände, zum anderen war die Wanze ziemlich wütend und wollte mir mit ihrem Mundwerkzeug ihr giftiges Verdauungsenzym injizieren. Da ich überhaupt keine Lust hatte, gebissen zu werden, warf ich die Wanze ein Stück weg und griff schnell nach einem Eimer, um sie wieder einzusammeln und genauer zu betrachten.

Die größten dieser räuberischen Wasserwanzen sind über 12 cm lang und so mit Abstand die größten echten Wanzen. Sie sind so groß, dass zu ihrer Beute auch kleine Fische und Amphibien gehören. In der Entomologie wird unter dem Begriff „Wanzen" die große, vielfältige Gruppe von Insekten zusammengefasst, zu der auch Blattläuse, Schildwanzen, Zikaden und Konsorten gehören. Zu ihren typischen Merkmalen zählen ein strohhalmartiger Stech- und Saugrüssel (Rostrum) und ein Lebenszyklus ohne Metamorphose. Die Jungtiere, die sogenannten Nymphen, sehen bereits ähnlich aus wie erwachsene Tiere, nur kleiner.

Viele echte Wanzen sind gute Eltern, und die Riesenwanzen *(Belostomatidae)* gehören wohl zu den aufmerksamsten. Bei den meisten Insekten, die sich um ihre Brut kümmern, bleibt die Arbeit in der Regel an den Weibchen hängen, während die Männchen auf Freiersfüßen unterwegs sind und versuchen, möglichst viele Weibchen zu befruchten. Bei den Riesenwanzen sind die Rollen jedoch vertauscht – was bei Insekten sehr selten ist: Die Männchen betreiben Brutfürsorge. Bei einigen Arten bewacht das Männchen die Eier, bei anderen trägt es die Eier auf dem Rücken (Abbildung links) mit sich herum, säubert sie mit seinen Beinen und bringt sie regelmäßig an die Wasseroberfläche, damit sie ausreichend Sauerstoff bekommen. Diese Fürsorge hat ihren Preis, denn durch die Last auf dem Rücken kann das Männchen sich nicht mehr so gut fortbewegen und jagen, was letztlich seine Lebenserwartung verkürzt. Der Rollentausch gilt auch beim Werbeverhalten; Männchen mit großer Rückenfläche sind bei den Damen besonders begehrt.

Ungeachtet dieser väterlichen Fürsorge gelten Riesenwanzen in bestimmten Regionen der Welt – in Teilen der Philippinen, in Laos, Kambodscha und Vietnam, vor allem aber in Thailand – als eine Art Delikatesse. Auch wenn Riesenwanzen im Wasser leben, haben die adulten Tiere der meisten Arten voll entwickelte Flügel und werden von künstlichem Licht angezogen, sodass sie recht leicht zu fangen sind. Weil sie so gerne um Straßenlampen schwirren, sind sie in Thailand auch als *mang da* bekannt, ein Slangwort für „Zuhälter".

BLATTSCHNEIDERAMEISE

Die Arbeiterinnen der Blattschneiderameisen-Gattungen *Atta* und *Acromyrmex* sind mittelgroße Insekten, aber sie dominieren ganze Ökosysteme auf eine Art und Weise, die in keinem Verhältnis zur Größe der Tierchen steht. Diese Ameisen, die vielleicht die komplexesten Insektengesellschaften bilden, bauen riesige, unglaublich verzweigte Nester, die sich über eine Fläche von bis zu 600 m^2 erstrecken und bis zu 8 m unter der Erde liegen können. In diesen kolossalen Bauten, wahren Wunderwerken der Natur, leben Millionen von Ameisen, die alle von einer einzigen Königin abstammen. Diese ist so fruchtbar, dass sie in ihrem Leben bis zu 150 Millionen Nachkommen hervorbringen kann.

Um eine Vorstellung von der Größe und Komplexität eines solchen Konstrukts zu bekommen, wurde einmal ein großes Blattschneiderameisennest ausgegossen. Dafür erforderlich: schätzungsweise 6,3 Tonnen Zement, 8200 Liter Wasser und ein paar entschlossene, spatenschwingende Biologen und Biologinnen. Zunächst mussten die Nesteingänge gefunden und der angerührte Zement eingefüllt werden. Nach dem Abbinden des Zements wurde das Nest sehr sorgfältig und vorsichtig ausgegraben. Zum Vorschein kam eine Ameisen-Metropolis mit unzähligen über Tunnel verbundenen Kammern, die alle so konstruiert sind, dass ein Luftstrom das Nest belüften kann und die Transportwege möglichst kurz sind. All das ist das Werk von Tieren, deren Gehirn etwas kleiner ist als das nächste Komma. Um ein solches Nest anzulegen, bewegen die Ameisen Unmengen von Erdreich (für ein Nest von 50 m^2 sind das etwa 40 Tonnen). Diese Herkulesaufgabe entspricht Milliarden von Ameisenladungen Erdklümpchen, die viermal so schwer sind wie die Tiere selbst und die umgerechnet auf menschliche Verhältnisse 1 km weit geschleppt werden müssen.

Die Tiefbauarbeiten der Blattschneiderameisen werden durch das, was sie über dem Boden leisten, fast noch übertroffen. In einer kuriosen Symbiose – und einem der wenigen Beispiele für Landwirtschaft im Tierreich – züchten Blattschneiderameisen ein Pilzmyzel, von deren Gongylidien (knollenartige Verdickungen an den Enden der Pilzfäden) sie sich ernähren. Dieser Pilz gedeiht ausschließlich in den Pilzgärten von Blattschneiderameisen-Nestern, wo er mit Pflanzenmaterial, das die Ameisen in großen Mengen herbeischleppen, gefüttert wird. Aus diesem Grund gehören

Blattschneiderameisen zu den größten Pflanzenfressern in den Neotropen. Arbeiterinnen auf Futtersuche schwärmen in langen Straßen aus und entlauben in der Umgebung alles, was Blätter hat. Mancherorts sind Blattschneiderameisen für bis zu 17 % des gesamten abgeernteten Blattmaterials verantwortlich, viel mehr als alle großen Pflanzenfresser zusammen.

Die Königin ist so fruchtbar, dass sie insgesamt 150 Millionen Nachkommen hervorbringen kann.

In einer Blattschneiderameisen-Kolonie gibt es mehrere Kasten von Arbeiterinnen. Die allerkleinsten (Minim) kümmern sich um die Brut und den Pilzgarten. Dann sind da etwas größere Arbeiterinnen (Minor), die ständig patrouillieren und die Erntestraßen verteidigen. Dabei sitzen sie häufig auf den Erntearbeiterinnen, die die Blattstücke zum Bau tragen – nicht etwa, weil sie zu faul zum Laufen wären, sondern weil sie wie kleine Wachhunde Parasiten, die sich meist auf den Köpfen der Erntearbeiterinnen ansiedeln, in Schach halten. Die eigentlichen Erntearbeiterinnen (Media) sind größer als die Minors. Ihre Hauptaufgabe besteht darin, Laub zu schneiden und es zum Nest zu bringen. Vor ein paar Jahren wurde entdeckt, dass diese Arbeiterinnen ihren Aufgabenbereich wechseln, sobald die Schneidekante ihrer zinkverstärkten Mandibeln nach und nach stumpf wird und das Schneiden der Blätter länger dauert. Diese älteren Arbeiterinnen übernehmen dann nur noch Transportarbeiten. Die größte Kaste der Blattschneiderameisen (Major) sind die Soldatinnen, die aber auch schwere Hebearbeiten übernehmen, die größere Hindernisse von den Ameisenstraßen räumen und sperrige Blattstücke zum Nest transportieren.

Die verschiedenen Kasten in einem Ameisenvolk sind noch bemerkenswerter, wenn man bedenkt, dass alle diese Tierchen dieselbe DNA haben. Wie können sich Tiere entwickeln, deren Aussehen, Funktion und Verhaltensweise so verschieden ist, wenn es nur einen genetischen Code gibt? In vielen, wenn auch nicht allen Fällen, hängt es davon ab, womit das junge Insekt gefüttert wird. Viel Futter, wenig Futter oder eine bestimmte Art von Futter zum entscheidenden Zeitpunkt scheint einen Entwicklungsschalter umzulegen, der zu den diversen Kasten führt.

BLATTSCHNEIDERAMEISE

Die Nester von Blattschneiderameisen gehören zu den größten und komplexesten Tierbauten überhaupt.

AGAONIDAE | WEIT VERBREITET

FEIGENWESPE

So bekannt Feigen hierzulande sind, so sonderbar sind sie auch. Botanisch gesehen handelt es sich nicht um Früchte, sondern um Blütenstände, die sich nach innen stülpen und eine annähernd kugelförmige Struktur bilden. Dieser Vorgang ist das Ergebnis der intimsten und ältesten Beziehung zwischen einer Pflanze und einem Tier, nämlich der Feigenwespe *(Agaonidae)*, von der alle Echten Feigen *(Ficus carica)* bestäubt werden. Diese winzigen Wespen sind bestens an die nach innen gewandten Blütenstände angepasst. Vor 90 Millionen Jahren waren die Vorfahren der heutigen Feigenwespen vermutlich Parasiten an den Bäumen, aus denen sich die heutige Echte Feige entwickelt hat, in deren Blüten sich abnorme Wucherungen (Gallen) ausbildeten, um den Insekten zu helfen. Mag sein, dass die Wespen auch etwas Bestäubungsarbeit geleistet haben, aber wohl eher nebensächlich. Mit der Zeit wurde die Beziehung aber immer symbiotischer, und heute sind Feigen und Feigenwespen gänzlich voneinander abhängig.

Auch wenn am Ende eine Bestäubung erfolgt, ist das, was sich bis dahin abspielt, eine gruselige Geschichte von Verstümmelungen, Riesenpenissen, Inzest und brutalen Auseinandersetzungen. Sie beginnt damit, dass eine weibliche Feigenwespe auf einer Feige landet, die reif für die Bestäubung ist. Sie bringt Pollen von der Feige, in der sie geboren wurde, mit und nimmt dafür einen bis zu 10 km weiten Flug auf sich. Um zur Bestäubung in die Feige zu gelangen, muss sie durch die kleine Öffnung (Ostiolum) im Blütenstand dringen. Der Tunnel ist aber so eng, dass sie sich dabei Fühler und Flügel abreißt. Wenn sie es geschafft hat, legt sie ihre Eier in die kurzen Blüten und bestäubt die langen Blüten, bis sie völlig ausgelaugt ist und schließlich stirbt. Aus ihrer Brut schlüpfen zuerst ihre Söhne – blass, flügellos, kleinäugig, aber mit strammen Beinchen. Das einzige Zuhause, das sie je kennen werden, ist das dunkle, enge Innere der Feige. Bei einigen Feigenwespenarten kämpfen die Brüder um das Recht, sich mit ihren Schwestern zu paaren, die noch gar nicht geschlüpft sind, und beißen sich mit ihren scherenartigen Mundwerkzeugen gegenseitig die Köpfe ab.

Angesichts dessen ist es nicht überraschend, dass auch die Paarung von Feigenwespen ziemlich verstörend ist – Insekteninzest. Das Männchen bohrt ein Loch in eine Blüte, in der sich eine seiner voll entwickelten Schwestern befindet, fährt seinen riesigen – relativ gesehen einer der größten im gesamten Tierreich – teleskopischen Penis aus und begattet die Schwester.

Nach erfolgreichem Inzest beginnen die Männchen, die männlichen Blüten der Feige zu fällen und einen Fluchttunnel für ihre Schwestern zu schaufeln. Nun folgt der Einsatz der frisch begatteten Schwestern, die zielstrebig Pollen von den männlichen Blüten sammeln, in „Körbe“ auf ihrem Brustkorb packen und dann zum Tunnelausgang streben, um zu einer neuen Feige zu fliegen, die bestäubt werden will.

Mit dem Wissen über Feigen und Feigenwespen könnte man mittlerweile viele dicke Bände füllen.

MACRODONTIA CERVICORNIS

Käfer gibt es in den verschiedensten Formen und Größen, vom winzigen Federflügler (siehe Seite 96) bis zum monströsen *Macrodontia cervicornis* aus der Familie der Bockkäfer, der in den feuchtwarmen Wäldern Südamerikas lebt. Er ist zwar nicht der schwerste Käfer, aber einer der längsten und mit seiner auffälligen Zeichnung einer der beeindruckendsten. Die größten Exemplare dieser Art erreichen eine Länge von fast 18 cm inklusive der riesigen Mandibeln, die wie bei anderen männlichen Insekten sehr ausgeprägt sind und bei Balzkämpfen unter Geschlechtsgenossen zum Einsatz kommen.

Die Larve dieses Käfers, eine blasses, unscheinbares, bis zu 21 cm langes Ding, frisst sich durch tote und morsche Weichholzbäume, bis sie groß genug zur Verpuppung ist. Selbst mithilfe von symbiotischen Mikroorganismen in ihrem Darm, die aus Holzfasern verwertbare Nährstoffe gewinnen, dauert es bis zu zehn Jahre, bis er seine enorme Größe erreicht.

Käfer galten lange Zeit als die artenreichste, vielgestaltigste Insektengruppe, was aber vielleicht mehr über ihre Eignung als Sammelobjekte als über ihre tatsächliche Vielfalt aussagt. Das Internet hat für einen wahren Boom im Handel mit Sammelinsekten gesorgt. Man klicke sich nur einmal durch die Angebote eines Online-Auktionshauses. Institutionen und private Sammler sind ganz begierig auf diese Exemplare, ohne darauf zu achten, wo und wie sie gefangen und exportiert wurden. Nur ganz wenige Insektenarten sind international geschützt; es ist illegal, diese in ihrem natürlichen Lebensraum zu sammeln und zu töten. Über die Populationen der meisten Insekten wissen wir noch so wenig, dass viele Arten durch den Insektenhandel stark bedroht sind.

Privatpersonen, die Insekten nur um des Sammelns willen kaufen, haben die gleiche Motivation wie Briefmarkensammler, und wie bei allen Sammlerstücken erzielen die seltensten Exemplare die höchsten Preise. Die Exemplare einiger Käferarten werden für Zehntausende von Dollar gehandelt. Summen wie diese treiben arme Einheimische sowie Profisammler in die artenreichsten Regionen der Erde, um begehrte Insektenarten zu fangen, von denen viele ohnehin schon durch Sammlung dezimiert sind und zusätzlich mit zahlreichen anderen Herausforderungen kämpfen, wie dem Verlust ihres Lebensraumes und dem Klimawandel (siehe auch Wallace-Riesenbiene, Seite 80).

Einige Länder wie Bhutan, Indien und Australien verfolgen eine harte Linie gegenüber dem Wildtierhandel – auch mit Insekten –, und in den letzten Jahren wurden europäische Insektensammler mit empfindlichen Geldstrafen, Ausweisungen, Reiseverboten und sogar Haftstrafen belegt, wenn sie erwischt wurden. Das Traurige daran ist, dass diese Gesetze, so absolut notwendig sie sind, auch die seriöse Forschung erheblich behindern.

MACRODONTIA CERVICORNIS | SÜDAMERIKANISCHE TROPEN

BIENENLAUS

Im Vergleich zu früher werden wir Menschen heute viel weniger von Parasiten heimgesucht. Auf alte Bekannte wie Läuse im Kopf- und Schamhaar oder Flöhe trifft man aufgrund verbesserter Körperhygiene und des starken Trends, sich von überflüssigen Körperhaaren zu befreien, nur noch selten. Diese Parasiten, die die Haut besiedeln (Ektoparasiten) sind im Vergleich zu uns Menschen geradezu winzig, weil kaum zu sehen. Man stelle sich nur einmal vor, diese Parasiten wären so groß wie Krebse und krabbelten über unsere Körper. Schaurig, oder? Tatsächlich aber gibt es viele Parasiten, die im Vergleich zu ihren Wirten beunruhigend groß sind. Zu den außergewöhnlichsten gehören die Bienenläuse *(Braulidae)*, die eigentlich gar keine Läuse sind, sondern stark mutierte Fliegen, die ihre Flugfähigkeit zugunsten einer starken Anhänglichkeit an Honigbienen eingebüßt haben.

Diese flügellosen Fliegen sehen eigentlich ganz putzig aus. Ihr Körper ist flach und gedrungen und wirkt von oben betrachtet etwas plump, doch ist er gut proportioniert mit langen, kräftigen Beinchen. Aufgrund der allmählichen Anpassung an eine parasitäre Lebensweise sind dafür nicht benötigte Sinnesorgane nur noch rudimentär vorhanden: Die Augen sind stark verkümmert und die Fühler in Rillen nach hinten gelegt. Behende krabbeln sie auf dem Körper ihres Wirts herum, hauptsächlich auf Kopf und Thorax. Von dort dringen sie regelmäßig zum Mund vor. Honigbienen sammeln Nektar in der sogenannten Honigblase, aus der sie ihn im Bienenstock wieder hervorwürgen. Um an diesen vorverarbeiteten Nektar zu gelangen, kitzeln die Bienenläuse die Oberlippe der Biene, bis diese ihre Zunge herausstreckt und dabei kleine Mengen Nektar ausspuckt.

Obwohl sie auf jeder Biene eines Volkes gefunden werden können, haben Bienenläuse doch eine eindeutige Vorliebe für die Königin, da sie länger als andere Bienen lebt, fast ihr ganzes Leben im Stock verbringt und viel Aufmerksamkeit respektive Futter von ihren Arbeiterinnen erhält. In einem Bienenstock mit starkem Lausbefall können bis zu 100 dieser kleinen Parasiten auf der Königin hocken, ihr die Nahrung streitig und ganz allgemein das Leben schwer machen. Grundsätzlich wird die Königin gut von ihrem Volk versorgt, warum also unternehmen die Arbeiterinnen nichts gegen diese nervigen Fliegen? Nun, es scheint, als könnten Bienenläuse den typischen Duft eines Bienenvolkes annehmen, sodass sie den Arbeiterinnen nicht als Fremdkörper oder Eindringlinge auffallen, die vertrieben werden müssen.

Bienenläuse haben außerdem die stärkste Haftkraft aller Landinsekten und damit ein besonderes Talent, sich an ihrem Wirt festzuhalten. Diese Superhaftkraft verdanken sie ihren speziell ausgestatteten Füßen, an deren Enden sich statt Krallen ballenartige Borstenkämme befinden. Während sie sich mit den Borsten im Bienenpelz festkletten können, sorgt die Ballenform auf glatten Oberflächen für eine gute Haftung. Ähnlich wie bei einem Gecko kann die Haftung durch eine einfache Drehbewegung des Fußes gelöst werden, sodass die Fliege sich flink über den ganzen Bienenkörper bewegen kann. Dieser Haftungsmechanismus hat enormes biomimetisches Potenzial.

WALLACE-RIESENBIENE

Alfred Russel Wallace hat zwar auch bedeutende Ideen zur Evolutionstheorie entwickelt, wurde damit aber nicht so bekannt wie sein Zeitgenosse und Landsmann Charles Darwin. Im Gegensatz zu Darwin war Wallace nicht wohlhabend und unabhängig, aber durch seine langen Aufenthalte in weit entfernten Regionen, etwa Brasilien, kam er zu denselben Schlussfolgerungen wie Darwin. Die Tragweite seiner Einsichten in die Vorgänge in der Natur, die für die wunderbare Vielfalt von Flora und Fauna verantwortlich sind, kann nicht hoch genug eingeschätzt werden. So sah es auch der Evolutionsbiologe Theodosius Dobzhansky: „Nichts in der Biologie ergibt einen Sinn außer im Licht der Evolution."

Abgesehen davon, dass Wallace der Menschheit seine großartigen Theorien für das Verständnis allen Lebens hinterlassen hat, war er ein unermüdlicher Naturforscher und Sammler. Er verbrachte vier Jahre im Amazonasgebiet, verlor aber auf der Rückreise nach England 1852 bei einem Schiffsunglück seine gesamte Sammlung. Unbeirrt machte er sich knapp zwei Jahre später auf den Weg zum Malaiischen Archipel.

Er bezahlte einen Trupp von Einheimischen, die für ihn schöne Insekten sammeln sollten. Nach acht Jahren kehrte Wallace mit Unmengen von Anekdoten und über 125 000 unterschiedlichen Insekten in seine Heimat zurück. Darunter war eine riesenhafte Biene, die viermal so groß war wie eine Honigbienen-Arbeiterin: *Megachile pluto*, die größte Bienenart der Welt, die er in seinem Buch *Der Malayische Archipel* als „großes, schwarzes wespenartiges Insekt mit immensen Kiefern wie bei einem Hirschkäfer" beschrieb. Wie die meisten Exemplare wurde diese Riesenbiene von einem nicht namentlich bekannten Einheimischen entdeckt, der von diesem großen Mann mit Rauschebart dafür bezahlt wurde. Das war im Jahr 1858 auf der Insel Bacan. Danach wurde die Biene ganze 123 Jahre nicht mehr gesichtet.

Erst 1981 entdeckte der amerikanische Entomologe Adam Messer diese ominöse Biene auf Bacan und den umliegenden Inseln wieder und beschrieb einige Aspekte ihrer Ökologie. Wie bei allen Bienen übernehmen auch hier die Weibchen die harte Arbeit des Nestbaus und der Brutaufzucht. Sie graben ihre eigenen Nester in die Nestbauten von Baumtermiten und nutzen Baumharz, das sie mit ihren gewaltigen Mandibeln ernten, um ihre Gänge wasser- und termitenfest zu machen. Abgesehen von einem einzigen Exemplar, das im Jahr 1991 gesammelt werden konnte, wurde die Art erst 2018 wieder gesichtet. Dieses Mal wurden zwei Exemplare von Einheimischen gefangen und online zum Verkauf angeboten.

2019 machten sich der Fotograf Clay Bolt und der Bienenexperte Eli Wyman auf die Suche nach dieser Bienenart, wurden schließlich fündig und machten die ersten Fotos einer lebenden Riesenbiene. Es ist ein gewaltiges Insekt mit sehr spezifischen Anforderungen an sein Habitat, weshalb seine Populationen vermutlich sehr klein und akut gefährdet sind. Die Abholzung der Wälder und das Sammeln von Exemplaren für den Verkauf sind eine ernste Bedrohung für den Fortbestand dieser beeindruckenden Biene. Aber zum Zeitpunkt, da ich diese Zeilen schreibe, steht die Biene immer noch nicht unter Artenschutz. Und selbst wenn sie offiziell geschützt wäre, würden skrupellose Händler Wege finden, Insekten wie diese an Menschen zu verkaufen, die sie unbedingt in ihrer Sammlung haben wollen.

MEGACHILE PLUTO — INDONESIEN

ZWERGWESPE

Später Nachmittag auf einer Sommerweise. Überall summt und schwirrt es. Im Gegenlicht der Sonne wabert eine Staubwolke mal hierhin, mal dorthin. Schaut man jedoch genauer hin, stellt man fest, dass die Staubpartikel sind in Wirklichkeit Insekten sind, um genauer zu sein: Zwergwespen *(Mymaridae)* und ihre Verwandten. Diese bemerkenswerten Wesen zählen zu den kleinsten Tieren überhaupt, sie sind sogar kleiner als manche Einzeller. In den Punkt an diesem Satzende würden mehrere Exemplare ihrer kleinsten Art passen. Und selbst die größeren Arten sind für das menschliche Auge kaum sichtbar. Für mich gehören sie definitiv zu den faszinierendsten Insekten, und über ihre Biologie weiß man bis heute nur wenig.

Die Winzlinge sind Meister der Minimierung und bringen höchst komplexe biologische Strukturen auf kleinstem Raum unter: Sie haben einen Darm, Muskeln, Fortpflanzungsorgane, so etwas wie Nieren, ein Immunsystem, ein Röhrensystem für den Transport von Atemluft und Gasen und noch vieles mehr. Für ein derart winziges Tier ist Luft ähnlich schwergängig wie Wasser, daher paddeln Zwergwespen eher durch die Luft, als dass sie fliegen. Ihre Flügel haben sich zu bewimperten Paddeln entwickelt. Ihr Verhalten ist so vielfältig wie das größerer Insekten. Sie wählen ihre Partner und ihre Beute, sie putzen sich und meiden Gefahr anhand von Sinnesinformationen, die von ihrem aus lediglich 8000 Neuronen (Nervenzellen) bestehenden Gehirn verarbeitet werden. Zum Vergleich: Das Gehirn einer Honigbiene hat 850 000 Neuronen. Die Nervenfasern von Zwergwespen sind so winzig, dass sie vermutlich anders funktionieren als herkömmliche Nervenfasern, die elektrische Signale weiterleiten. Möglicherweise funktionieren sie mechanisch und reizen einfach einen Muskel, damit er kontrahiert oder entspannt. So winzig ihre Gehirne sind, im Bereich von künstlicher Intelligenz und Robotik könnten sie für Fortschritte sorgen.

Doch wie ist eine derartige Minimierung möglich? Das Geheimnis liegt in der enormen Zellschrumpfung. Sie erfordert häufig den Wegfall des Zellkerns, der eine Menge Platz einnimmt. Solange die Zellen sich in der Entwicklungsphase befinden, ist der Zellkern noch da, doch sobald sie reif sind, wird er zerstört, und die Zellen können schrumpfen.

Aber warum sind sie überhaupt so klein? Welchen Nutzen hat die extreme Verkleinerung? Man stelle sich ein Habitat vor: einen Wald, eine Wiese oder einen Garten in der Vorstadt. Die Größe des Tieres bestimmt, wie viel Platz es braucht und wo und wie es leben kann, kurz: seine Nische. Mittels Minimierung können Tiere Räume und Lebensweisen wählen, die für größere Tiere nicht geeignet sind. So können Zwergwespen und ihre Verwandten dank ihrer minimalen Größe aus einer sehr ergiebigen Quelle schöpfen – sie ernähren sich von den Eiern anderer Insekten und Spinnentiere. Sie mögen harmlos und zart aussehen, doch sie sind echte Jäger; Parasitoiden, um genau zu sein. Anders als Parasiten verspeisen Parasitoiden ihren Wirt am Ende. Weibliche Zwergwespen spüren die Eier ihrer Wirte anhand besonderer Gerüche auf und legen ihr Ei oder ihre Eier mithilfe ihres Legestachels darin ab. Nach dem Schlupf zehren ihre Larven von dem Wirtsembryo, bis sie ihn schließlich gänzlich verspeist haben. Die ausgewachsenen Wespenlarven verpuppen sich dann in der Eierschale. Sind auch die adulten Tiere, also die Wespen, ausgewachsen, beißen sie ein Ausstiegsloch in die Schale und befreien sich selbst. Je nach Art dauert solch ein Zyklus nur wenige Tage.

Für ein derart winziges Tier ist Luft ähnlich schwergängig wie Wasser, und Zwergwespen paddeln eher durch die Luft, als dass sie fliegen.

Zwergwespen sind zwar sehr klein, doch ihre Bedeutung und die anderer winziger Parasitoiden für unsere Ökosysteme ist überragend. Sie stürzen sich auf alle möglichen Insekten- oder Spinnenarten, um sie zu verspeisen, und sind damit enorm wichtig für die Bestandsregulierung der Wirtspopulation. Sogar Landwirte machen sich ihre Fähigkeit zunutze, ihre Wirte aufzuspüren und zu fressen, und setzen sie in ihren Gewächshäusern als Nützlinge zur Schädlingsbekämpfung ein.

Obwohl die meisten Menschen noch nie von diesen Winzlingen gehört oder sie gar gesehen haben, kann man sicher sein, dass sie kaum mehr als ein paar Meter weit entfernt sind. Es gibt Unmengen von ihnen. Man braucht nur einige Minuten mit einem feinen Insektennetz durch ein Feld zu laufen, um Tausende zu fangen. Auch wenn man die Fensterbank mit einer Lupe untersucht, wird man einige entdecken. Wenn man sich die Zeit nimmt, die Miniaturwesen um sich herum zu erkunden, lernt man die Großartigkeit unserer Welt noch mehr zu schätzen.

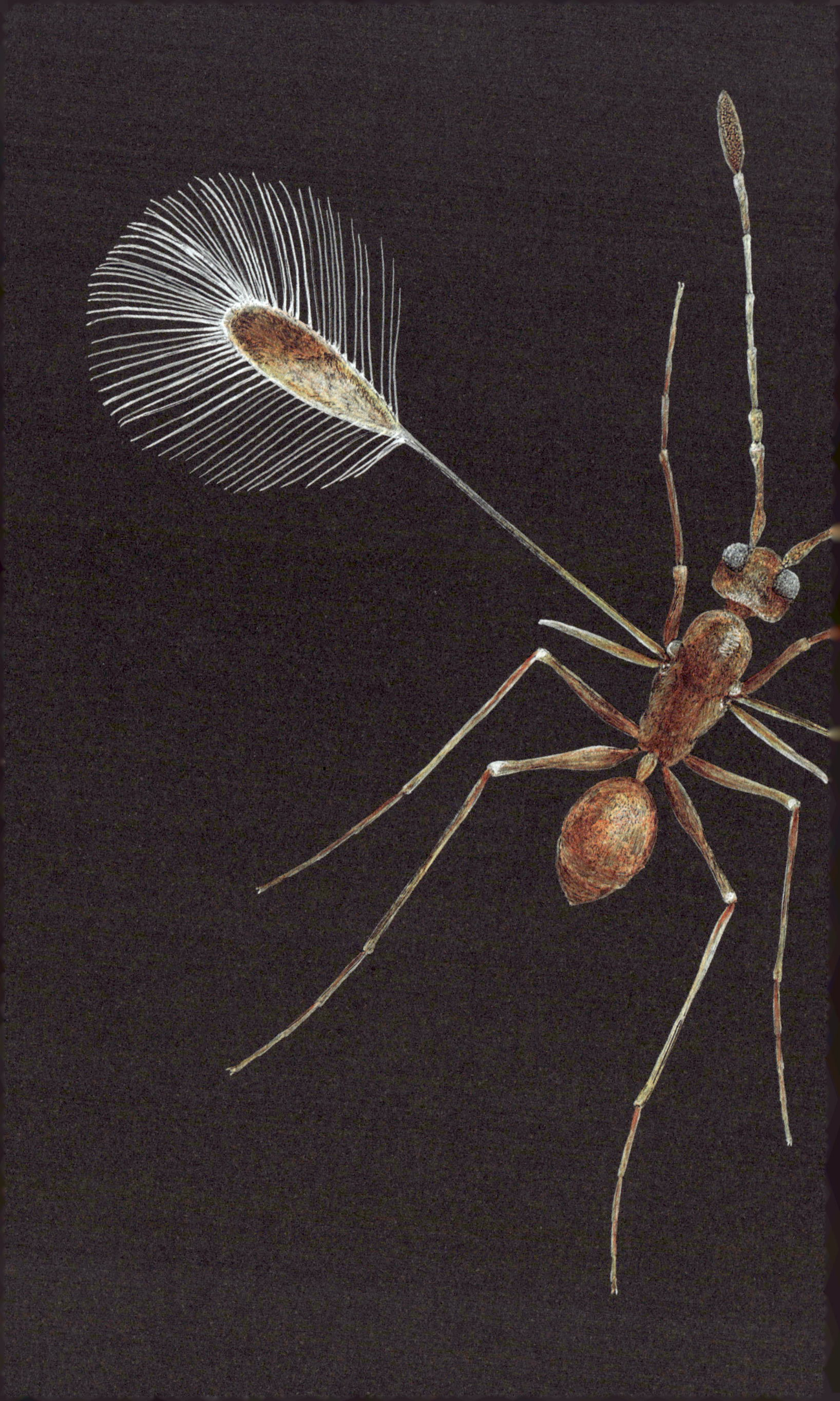

ZWERGWESPEN

Zwergwespen gehören zu den kleinsten Tieren überhaupt, sie sind sogar kleiner als manche Einzeller.

DEINACRIDA HETERACANTHA —— NEUSEELAND

WETAPUNGA

Dieses riesige, stachelige Wesen gehört zur Heuschreckenfamilie der Weta, deren meist enorm große Vertreter ausschließlich in Neuseeland leben und Nischen nutzen, die in anderen Ländern von Kleinnagern besetzt sind. Mit bis zu 10 cm Länge und 70 g Gewicht gelten die Wetapunga als die schwersten lebenden Insekten; die Art *Deinacrida gigantea* ist sogar noch länger, aber leichter. Als nachtaktive, nomadische Pflanzenfresser verzehren sie nachts das Blattwerk in Baumkronen. Da sie keine Flügel haben, nutzen sie ihre langen, kräftigen Beine, um auf die Bäume zu klettern. Männlein und Weiblein finden dank Pheromonen und dem Gesang der Männchen zusammen. Nach der Paarung legen die Weibchen ihre Eier am Boden ab. Wörtlich bedeutet der Name Wetapunga in der Sprache der Maori „Gott der hässlichen Dinge" – besonders beliebt waren die Insekten bei den neuseeländischen Ureinwohnern wohl nicht. Neuseeland ist, ähnlich wie andere abgelegene Archipele, eine Art Evolutionslabor. Einst war die Insel Teil des südlichen Superkontinents Gondwana, der langsam durch unvorstellbare geodynamische Kräfte auseinandergerissen wurde. Die einzelnen Teile drifteten auseinander und bildeten nach und nach die Kontinente und Inseln der Südhalbkugel, wie wir sie heute kennen.

Aufgrund der zunehmend isolierten Lage nahm die Entwicklung der neuseeländischen Flora und Fauna eine ganz eigene, interessante Richtung. Die beherrschenden Großtiere waren keine Säugetiere, sondern Vögel, deren größte und eindrucksvollste Vertreter die Moa waren. Und auch den Insekten kam die geringe Zahl von Landsäugern zupass. Bedauerlicherweise liefen die ersten Menschen, die Neuseeland besiedelten, gleich Amok, brannten die Wälder nieder, töteten so viele Tiere, wie es nur ging, und rotteten viele der einzigartigen Arten aus. Die großen, flugunfähigen Moas gehörten zu den ersten Opfern des großen Schlachtens und wurden gejagt, bis ihr Bestand endgültig ausgelöscht war. Viele der besonderen Insekten haben allerdings überlebt – ganz knapp.

Die seefahrenden Völker, die sich auf den versprengten Inseln des Südpazifiks ansiedelten, waren ebenso findig wie unerschrocken. Im Gepäck hatten sie nicht nur ihren Verstand, sondern auch Vieh, Samen und blinde Passagiere wie Ratten, die die riesigen Heuschrecken ziemlich lecker fanden und sich so lange über die großen, trägen und wehrlosen Insekten hermachten, bis sie beinahe ausgestorben waren (siehe auch Seite 99, St. Helena-Riesenohrwurm). Im Norden von Neuseeland einst reichlich vorhanden, gab es im späten 19. Jahrhundert von den Wetapunga nur noch eine kleine Population auf Te Hauturu-o-Toi (Little Barrier Island), und da die Ratten inzwischen auch diese Insel erreicht hatten, wären die Wetapunga beinah verloren gewesen.

Es wurden Naturschutzmaßnahmen zur Rettung der Heuschrecken ergriffen. Seit die Ratten auf Little Barrier Island ausgerottet und ein Heuschreckenzuchtprogramm gestartet wurde, haben sich die Bestände erholt. Es wurden insgesamt über 5000 Exemplare auf verschiedenen Inseln ohne natürliche Fressfeinde vor der neuseeländischen Nordküste ausgesetzt.

PANTOPHTHALMUS

Ich weiß noch gut, wie ich die im Englischen Giant Timber Fly genannte Fliege als Student mit Brille auf der Nase auf dem Papier studierte und es nicht erwarten konnte, selbst eine in natura zu erleben. Ich musste nur 20 Jahre darauf warten. Auf einer Forschungsstation in Costa Rica saß sie schließlich da, eine lebende *Pantophthalmus*-Art, hoch oben auf einem Balken eines Bahnhofsgebäudes. Mit ihren bis 5 cm Länge erreichen sie knapp Handflächenbreite und erinnern mit dieser beinahe unheimlichen Größe an die riesigen Fliegen aus Gummi, die man als Scherzartikel kaufen kann.

Giant Timber Flies zählen zu den größten Fliegen überhaupt und ganz sicher zu den massigsten. Optisch erinnern sie zwar eher an riesige Bremsen, sind aber enger verwandt mit der Schwarzen Soldatenfliege *(Hermetia illucens)*. Das adulte Insekt verfügt über Mundwerkzeuge zum Aufnehmen von Flüssigkeiten, doch ob es sie überhaupt benutzt, ist fraglich, denn sein Erwachsenenleben ist sehr kurz. Der Kopf besteht vor allem bei den Männchen im Wesentlichen aus zwei riesigen Facettenaugen, die sie vor allem zum Aufspüren von Weibchen benutzen, doch über ihr eigentliches Balzverhalten ist nichts bekannt.

Die ebenfalls riesigen Larven sind mit eindrucksvollen Beißwerkzeugen ausgestattet und leben in Holz (englisch: timber). Auch über sie weiß man bislang nur sehr wenig. Sie graben je nach Art horizontale Gänge in gesunde, kranke oder tote Bäume, doch es ist unklar, wovon sie sich ernähren. Man vermutet, dass sie eine Vorliebe für Baumarten haben, die Latex oder zähflüssige Säfte produzieren, und diese Substanzen verspeisen, nachdem sie durch Mikroben vergoren wurden. Aus entomologischen Fachkreisen wurde auch schon von Wirtsbäumen berichtet, in denen sich Hunderte von Larven befanden, deren Raspeln und Schmatzen man schon aus einigen Metern Entfernung hören konnte.

Ihren ausgewachsenen Zustand erreichen die Larven irgendwann zwischen fünf Monaten und gut zwei Jahren. Dann verpuppen sie sich in den Gängen. Kurz vor Abschluss ihrer Metamorphose winden sich die Puppen ein Stück aus den Gängen, damit die erwachsenen Tiere leichter davonfliegen können. Alle der 20 bekannten *Pantophthalmus*-Arten sind in Mittel- und Südamerika beheimatet. Die adulten Exemplare der meisten Arten suchen zwar das Licht, dennoch sind sie nur selten zu sehen, was vermuten lässt, dass sie eher kurzlebig sind. Da draußen gibt es zweifellos noch weitere unentdeckte Arten.

PANTOPHTHALMUS — SÜDAMERIKANISCHE TROPEN

GYROSTIGMA RHINOCERONTIS — AFRIKA

GYROSTIGMA RHINOCERONTIS

Bei vielen Menschen rufen Parasiten vor allem Ekel hervor, was möglicherweise daran liegt, dass sie zu wenig über die Tiere wissen. Die Anpassungen, die nötig sind, um sich von einem Wirt zu ernähren und in oder auf ihm zu leben, sind schier unglaublich und vermitteln uns eine Ahnung vom gewaltigen Erfindungsreichtum der Evolution.

Die Nashorndasselfliege, wie *Gyrostigma rhinocerontis* manchmal bezeichnet wird, ist ein Paradebeispiel dafür, wie erstaunlich Parasiten sein können. Mit einer Länge von 4 cm und einer Flügelspannweite von 7 cm gehört sie zu den größten Fliegenarten Afrikas – und auch zu den am seltensten gesammelten. Nashörner sind riesig, stark und gelten gemeinhin als schlecht gelaunt und leicht reizbar. Eine ziemlich sichere Methode, diese tickende Zeitbombe auf die Palme zu bringen, ist, ihr vor der Nase herumzuspringen und vielleicht sogar im Gesicht herumzuwedeln, um eine bestimmte Fliege zu fangen. Kein Wunder also, dass man bislang nur so wenige Exemplare der Nashorndasselfliege erwischen konnte.

Ein anderer Grund ist die extrem eigenwillige Biologie der Fliege. Ihre Nische könnte enger kaum sein, denn sie verbringt einen Großteil ihres Lebens in der Magenschleimhaut von Nashörnern. Und wie kommt sie dorthin? Man könnte vermuten, dass die Nashörner die Fliegeneier irgendwie mit der Nahrung, z. B. Gräsern und Blättern, aufnehmen. Das wäre der plausible Weg. Stattdessen aber legen die Fliegenweibchen ihre länglichen Eier in der faltigen Haut rund um das Horn oder irgendwo auf dem Nashornkopf ab. Sind die Larven dann geschlüpft, kriechen sie über Maul oder Nüstern des Wirts in Richtung Magen, wo sie sich mithilfe ihrer Mundhaken und Stacheln kopfüber in der Magenschleimhaut einnisten. Hier ernähren sie sich von Magenschleimhaut und Blut, bis sie ausgewachsen sind und sich verpuppen. Nicht selten leben sehr viele Larven – bis zu Hunderten oder sogar Tausenden – in einem einzigen Nashorn. Um ihren Wirt wieder zu verlassen, lösen sie sich von der Magenwand und treten eine lange Reise ins Licht an, die sie durch einen langen, gewundenen Tunnel zum Anus des Nashorns führt. Von dort gelangen sie mit dem nächsten Dunghaufen auf den Boden. Dann ist Eile geboten, denn da draußen warten viele Fressfeinde auf die fetten Larven. Darum graben sie sich durch den Mist in den Boden ein, wo sie vergleichsweise sicher sind. Sechs Wochen später schlüpfen die adulten Tiere, und der Kreislauf beginnt von vorn.

Wie bei vielen anderen nur selten gesichteten Insekten gebrauchen die erwachsenen Tiere ihre Mundwerkzeuge nicht. Die Energievorräte, die sie als Larve angelegt haben, reichen allerdings nur drei bis fünf Tage. Diese kurze Lebensspanne als Erwachsene ist der Hauptgrund dafür, dass sie nur selten gefangen werden, dazu kommt noch der rasant zurückgehende Nashornbestand. So wurden etwa zwei enge Verwandte der Fliege – ein Parasit des Spitzmaulnashorns und ein Parasit des Sumatra-Nashorns – seit 1961 bzw. 1884 nicht mehr gesichtet.

AUSTRALISCHE RIESENHOLZMOTTE

Es kommt vor, dass die Trivialnamen von Insekten nicht der korrekten zoologischen Systematik entsprechen – man denke etwa an die Bienenlaus, die keine Laus ist, sondern der Familie der Mücken und Fliegen angehört, oder die Mistbiene, die zu den Schwebfliegen gehört. Wünschenswert wären also eindeutige, zuverlässige Bezeichnungen für Insekten. Gut gelungen ist das im Fall von *Endoxyla cinereus*, im englischen Sprachraum treffend als Australian Giant Wood Moth bezeichnet: Sie kommt in Australien vor, ist groß und ist eine Motte. Im Deutschen wird sie bisweilen Australische Riesenholzmotte genannt.

Diese ist zwar mit ihrer Flügelspannweite von 23 cm nicht die größte aller Motten, punktet aber mit ihrem Gewicht – mit Eiern prall gefüllte Weibchen können bis zu 30g schwer sein, was sie zu den mit Abstand schwersten Motten der Welt macht. Zum Vergleich: Ein Spatz wiegt etwa gleich viel. Ungeachtet ihrer Größe werden die Motten nur selten gesichtet, und sie zählen zu den rätselhaftesten australischen Insekten überhaupt.

Die Riesenholzmotte ist in Ost-, Süd- und Südwestaustralien beheimatet, und der Hang der Larven, sich in dünnrindige Eukalyptusbäume zu graben und damit beträchtliche ökonomische Schäden zu verursachen, macht sie zu erklärten Feinden der Holzindustrie. Jede wie auch immer geartete Plantage widerspricht bekanntermaßen dem Wesen von natürlichen Ökosystemen, die per se lebhaft, divers und unaufgeräumt sind. Heute weiß man, dass die Riesenholzmotte in den kargen Wäldern, in denen sie vorkommt, eine wichtige Rolle spielt, ja vielleicht sogar als Ökosystem-Gestalter fungiert. Als Ökosystem-Gestalter bezeichnet man Arten, die die Struktur eines Habitats verändern und damit Nischen für andere Arten schaffen, man denke etwa an Elefanten, die Bäume umwerfen, oder Biber, die Dämme bauen.

In voll ausgewachsenem Zustand wird die Raupe der Riesenholzmotte bis zu 15 cm lang und gräbt folglich ansehnliche Tunnel in ihren Wirtsbaum, bestehend aus einer Speisekammer und einem vertikalen Tunnel, in dem sie ruht, ihre Hülle ablegt oder sich verpuppt. Das kann dem Baum nicht gefallen. Die gestalterischen Aktivitäten der Raupe schwächen den Stamm und öffnen Pilzen und Bakterien Tür und Tor, die den Baum weiter schwächen, bis er schließlich zerbirst. Sterbende und umgestürzte Bäume sorgen für offenere, komplexere Strukturen im Wald, von denen die Motten selbst, aber auch viele andere Arten profitieren. Und nicht nur das: Die frei gewordenen Tunnel werden danach von einer Reihe anderer Arten wie etwa Loris und Fröschen genutzt.

Eines von Australiens rätselhaftesten Insekten

Es kann bis zu drei Jahre dauern, bis die Raupe ausreichend groß ist, um sich in eine adulte Motte zu verwandeln. Die erwachsenen Tiere haben gar keine Mundwerkzeuge, sodass sie nicht fressen können – selbst wenn sie wollten. Stattdessen zehren sie von den Fettreserven, die sie bei ihren Fressorgien als Larve angelegt haben. Diese reichen allerdings nur einige Tage, gerade so lange, dass Männchen und Weibchen sich finden und paaren können. Die Weibchen legen respektable 18 000 Eier ab, und man nimmt an, dass die winzigen Raupen sich nach dem Schlüpfen per sogenanntem Fadenflug von der Stelle bewegen und so verbreiten. Dazu pressen die Raupen aus ihren Speicheldrüsen einen teils meterlangen Seidenfaden hervor. Dieser lädt sich elektrostatisch auf und wird von der Erde abgestoßen. Ein leichter Windhauch genügt dann, um die Tiere in die Luft zu ziehen und in die Ferne zu transportieren.

Die Raupen der Riesenholzmotte und ihrer Verwandten sind nicht nur Ökosystem-Gestalter, sondern auch eine wichtige Nahrungsquelle für die australischen Ureinwohner: Allgemein als Wichetty-Maden bekannt, haben die Raupen je nach Region und Kultur weitere eigene Bezeichnungen. Um sie aufzuspüren und zu ernten, ist ein umfassendes Verständnis ihrer Lebensweise und der Orte nötig, an denen sie üblicherweise vorkommen – was uns einmal mehr die Naturverbundenheit indigener Völker vor Augen führen kann.

AUSTRALISCHE
RIESENHOLZMOTTE

Die extrem kurzlebigen adulten Tiere sind die schwersten Motten überhaupt. Als Raupen spielen sie eine gestalterische Rolle im Ökosystem.

FEDERFLÜGLER

So exotisch und wie aus einer Fantasiewelt stammend diese Insekten auch aussehen mögen – während Sie dies hier lesen, sind sie garantiert direkt in ihrer Nähe. Wo auch immer ich nach Insekten Ausschau halte, ob in meinem heimischen Garten oder in den Wäldern von Peru, die Federflügler (*Ptiliidae*, auch Zwergkäfer genannt) sind in Massen vorhanden, aber den meisten Menschen fallen sie nicht auf, weil sie so winzig sind. Kippt man einen Schwung Federflügler auf ein weißes Blatt Papier, erkennt man nicht mehr als schwarze Pünktchen, die kreuz und quer über das Papier eilen.

Die kleinsten dieser ohnehin winzigen Insekten sind kaum 0,3 mm lang. Ihren Namen verdanken sie der Ausstattung ihrer Flügel, die mit ihren langen Borsten an Federn erinnern und jenen der ebenfalls winzigen Zwergwespen (siehe Seite 82) sehr ähnlich sind. Da Luft bei dieser minimalen Größe ein schwer zu kontrollierendes Element ist, bewegen sie sich darin eher paddelnd als fliegend – daher auch ihre stark veränderten Flügel.

Die Entwicklung zu einem derart kleinen Format machte noch weitere anatomische Veränderungen nötig, etwa die Verkleinerung bestimmter Organe bis hin zum vollständigen Verzicht darauf. Bei anderen kleinen Käfern zum Beispiel ist der Kopf zu klein für das Hirn, sodass dieses in den Brustbereich verlagert wurde!

Doch auch wenn die Anatomie der Federflügler verändert beziehungsweise reduziert ist – Eier und Sperma lassen sich nur bis zu einem gewissen Grad verkleinern. Beide Zellarten kommen nicht ohne Zellkern aus, und der braucht Platz, die Eizellen benötigen außerdem noch Dotter, damit der Embryo sich entwickeln kann. So kommt es, dass die winzigen Insekten Eier und Spermien von nahezu grotesker Größe produzieren.

Die Eier sind halb so groß wie die Weibchen, und es wird immer nur eines produziert, und bei manchen Arten ist ein einziges Spermium länger als das adulte Insekt. Bei manchen Federflüglern fungiert das sehr lange Spermium als „Verschlusspfropfen" für den weiblichen Fortpflanzungstrakt, der eine Paarung mit einem anderen Männchen verhindert. Andere Arten bilden schwanzlose und damit unbewegliche Spermien. Wozu das gut ist, ist noch unklar – möglicherweise dienen sie ebenfalls als „Keuschheitsgürtel". Man weiß es einfach nicht. Über das Sexleben der winzigen Käfer sowie über ihre Biologie im Allgemeinen ist nur sehr wenig bekannt.

Miniaturisierung hat natürlich ihren Preis, ist aber insgesamt eine erfolgreiche evolutionäre Strategie. Federflügler und diverse andere Miniaturinsekten findet man schlicht überall auf der Welt, massenweise zum Beispiel in absterbendem organischem Material, von dem sie sich ernähren. Und selbst sind sie wiederum Nahrungsquelle für andere Gliederfüßer.

LABIDURA HERCULEANA — ST. HELENA

ST.-HELENA-RIESENOHRWURM

Die kleine, abgeschieden im Südatlantik gelegene Insel St. Helena kennt man vor allem als den Ort, an dem Napoleon seine letzten Lebensjahre verbrachte, nachdem die Engländer ihn nach seiner Niederlage in Waterloo dorthin verbannt hatten. Weniger bekannt ist, dass auf St. Helena, wie auf vielen anderen isolierten Inseln weltweit, zahlreiche endemische Arten lebten, von denen viele, ganz wie Napoleon, inzwischen Geschichte sind.

Für mich ist der rätselhafteste Vertreter der ausgestorbenen Fauna von St. Helena der Riesenohrwurm *(Labidura herculeana)*. Im Vergleich zu anderen Ohrwürmern wirkt er mit einer Gesamtlänge von 80 mm, wovon seine charakteristischen Greifzangen einen beträchtlichen Teil ausmachen, monströs. Ich habe ihn in dieses Buch aufgenommen, weil es eine – wenn auch verschwindend geringe – Chance gibt, dass irgendwo auf der Insel noch das ein oder andere Exemplar existiert. Schließlich hat der Baumhummer es auch geschafft, sich an den steilen Klippen der australischen Insel Ball's Pyramid buchstäblich ans Leben zu klammern. Warum, so meine Hoffnung, sollte dieser außergewöhnliche Ohrwurm nicht noch irgendwo da draußen sein.

Trotz seiner eindrucksvollen Größe weiß man nur sehr wenig über das Insekt. 1798 erstmals beschrieben, geriet es in Vergessenheit, bis man in den 1960er-Jahren unter Felsbrocken in einem Gebiet namens Horse Point Plain einige Exemplare entdeckte. Über ihre Lebensweise ist so gut wie nichts bekannt, doch vermutlich waren sie Allesfresser wie andere Ohrwürmer auch und die Weibchen hingebungsvolle Mütter, die sich um die Eier und die Jungen kümmerten. Lebende Exemplare sowie Überreste toter Insekten weisen darauf hin, dass der Riesenohrwurm in einem Inselbereich mit Gumwood-Wäldern *(Commidendrum robustum)* und Seevogelkolonien zu Hause war und seine tiefen Höhlen nur nachts nach Regenfällen zur Futtersuche verließ.

Die bemerkenswerte Größe dieses Ohrwurms veranschaulicht eindrucksvoll die sogenannte Inselregel, die besagt, dass Arten, die sich auf Inseln ansiedeln, bedeutend größer (oder kleiner) werden als ihre Festlandverwandten. Im Laufe der Generationen, die der Ohrwurm isoliert auf St. Helena unbehelligt von Vögeln und Säugern verbrachte, verlor er seine Flugfähigkeit und entwickelte eine im Vergleich zu seinen Festlandverwandten enorme Größe. Auf der Insel besetzte er vermutlich die Nische, die auf dem Festland kleinen Nagern gehört.

Es ist von grausamer Ironie, dass der St.-Helena-Riesenohrwurm gerade von den Tieren dezimiert werden sollte, deren Nische er besetzte. Von Seeleuten unbeabsichtigt nach St. Helena eingeschleppt, machten Nager – im Wesentlichen Ratten und Mäuse – kurzen Prozess mit dem Riesenohrwurm und vielen weiteren Arten. Weitere invasive Arten wie z. B. der räuberische Hundertfüßer *Scolopendra morsitans* haben vermutlich ebenfalls radikal zu ihrer Dezimierung beigetragen. Die Gumwood-Wälder gibt es längst nicht mehr, die Felsbrocken der Horse Point Plain wurden zu Baumaterial und auch Seevogelkolonien sucht man vergeblich. Hoffen wir dennoch, dass diese außergewöhnliche Art im Verborgenen überlebt hat, sodass wir noch mehr über sie erfahren können.

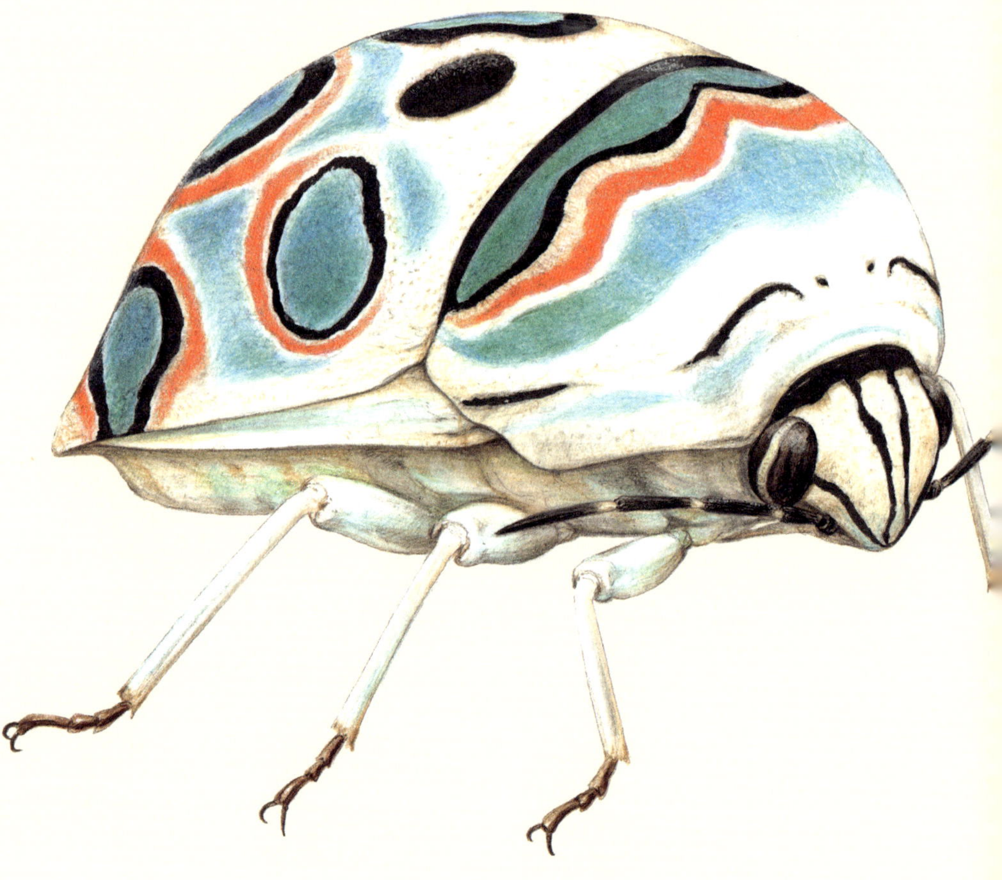

MUSTERGÜLTIG

MACROCILIX MAIA SÜD- & SÜDOSTASIEN

MACROCILIX MAIA

In absehbarer Zeit werden Kot und Dung sich wohl kaum als Kostüm- oder Modethema durchsetzen, doch unter Insekten ist es überraschend populär, so zu tun, als käme man geradewegs aus dem Verdauungstrakt eines anderen Tieres. Vögel und Säuger müssen ziemlich verzweifelt sein, um den Verzehr von Ausscheidungen überhaupt in Erwägung zu ziehen. Sich als Körperausscheidung zu tarnen, ergibt also durchaus Sinn. Einer der besten Vogelkot-Imitatoren ist die Motte *Macrocilix maia*. Sie ist in Indien, einigen Teilen Südostasiens und Fernost beheimatet und ein wunderbares Beispiel für Mimikry.

Die braunen Kleckse auf den weißen Flügeln ahmen Vogelkot überzeugend nach. Sieht man genauer hin, erkennt man, dass die beiden Muster auf den Vorderflügeln – dank natürlicher Selektion – aussehen wie zwei Fliegen, die sich am „Vogelkot" auf den Hinterflügeln gütlich tun. Die „Fliegen" haben Augen, Thorax, Beine und Flügel. Hinzu kommt ein stechender Geruch, der stark an echten Vogelkot erinnert. Die Fliegenbilder und der Geruch verstärken somit die Gesamtwirkung und erhöhen die Chancen, dass selbst ein scharfsichtiger Jäger sich täuschen lässt.

Muster wie diese haben in der Naturforschung lange für reichlich Kopfzerbrechen gesorgt. So schrieb der große Evolutionsbiologe Theodosius Dobzhansky 1973: „Nichts in der Biologie ergibt Sinn, wenn man es nicht im Lichte der Evolution betrachtet." Ohne Kenntnisse über die Evolution durch natürliche Auslese erscheinen die vielgestaltigen Strukturen der Natur tatsächlich, als hätte ein höheres Wesen sie erschaffen. Betrachtet man sie jedoch im Licht der Zeit, der unzähligen Generationen und der subtilen Variationen innerhalb einer Population, so ist es durchaus plausibel, dass sie durch einen natürlichen Selektionsprozess entstanden sind.

Man stelle sich eine Ahnenpopulation dieser Motte vor. Alle haben weiße Flügel mit braunen Sprenkeln – bis auf ein Exemplar, das aufgrund einer zufälligen Mutation größere Sprenkel hat und darum noch mehr nach Vogelkot aussieht. Das verbessert seine Tarnung, sodass es länger überlebt und seine Merkmale an seine Nachkommen weitergeben kann. Mutationen, die die Überlebenschancen verbessern, werden immer mit größerer Wahrscheinlichkeit vererbt.

Die natürliche Selektion geht im Allgemeinen langsam vonstatten, doch unter bestimmten Umständen kann man sie unmittelbar nachverfolgen. Ein gutes Beispiel hierfür ist der Birkenspanner *(Biston betularia)*. Während der industriellen Revolution hinterließ die Luftverschmutzung ihre Spuren auf Gebäuden und Bäumen, sodass die Birkenspanner mit ihren blassen Flügeln dort optisch stark auffielen. Eine einzelne Mutation sorgte dafür, dass einige Nachtfalter etwas dunkel gerieten und auf dunklen, rußigen Oberflächen kaum noch zu sehen waren. Die dunkleren Exemplare überlebten häufiger beziehungsweise länger, und die Art entwickelte sich zügig hin zu dunkleren Erscheinungsformen. Mit dem Clean Air Act, einem Gesetz zur Reinhaltung der Luft (in englischsprachigen Ländern), wurde der Trend umgekehrt: Die Bäume wurden sauberer und folglich heller, und die Birkenspanner zogen nach. Heute gibt es mehr helle als dunkle Erscheinungsformen.

TRACHYPETRELLA ANDERSSONII

In den trockenen Regionen Südafrikas gibt es eine Fülle von Tierarten, die sich an die kargen, lebensfeindlichen klimatischen Bedingungen angepasst haben. So auch die Grashüpferart *Trachypetrella anderssonii*, die sich als Stein tarnt und damit optisch mit der Umgebung verschmilzt. Obwohl bis zu 50 mm lang, verfügen die recht plumpen Tiere dank Körperform, Musterung und Oberflächenstruktur über eine erstklassige Tarnung.

Da die ganze Tarnung nutzlos wäre, wenn sie pausenlos herumhüpfen würden, sitzen sie meist reglos auf der Stelle. Eine ziemlich riskante Strategie, denn sie sind sowohl groß als auch saftig und damit nicht nur eine anständige Mahlzeit, sondern auch gute Durstlöscher für ihre Fressfeinde. Da sie im Gegensatz zu vielen anderen Grashüpferarten nicht fliegen können, entscheidet ihre Tarnung über Leben und Tod. Zwar können sie mit ihren angewinkelten Hinterbeinen gut springen, doch was hilft's, wenn sie nahenden Feinden damit verraten, dass sie doch kein Stein, sondern Abendessen sind.

Die unterschiedlichen Populationen dieser Grashüpferart sehen je nach Art der Steine in ihrem Lebensraum unterschiedlich aus. Mal ahmen sie kleine, weiß schimmernde Quarzsteine nach, mal verschmelzen sie mit dem rötlichen oder schwarzen Gestein am Boden. Damit stellt sich die Frage, ob es sich um eine einzige Art mit verschiedenen Erscheinungsformen handelt oder um unterschiedliche Arten, die sich getrennt voneinander fortpflanzen.

Die Frage ist knifflig und die Antwort keinesfalls eindeutig. Das Konzept der Arten ist zwar nützlich, wurde aber von Menschen erdacht. Unser Hirn strebt nach Ordnung, und genau danach suchen wir, wenn wir die Natur zu kategorisieren versuchen. Doch die natürliche Welt ist dynamisch und komplex; klare Grenzen gibt es nicht. Nach dem gängigen biologischen Konzept des Evolutionsbiologen Ernst Mayr gilt eine Gruppe sich miteinander kreuzender natürlicher Populationen, die sich reproduktiv von anderen derartigen Gruppen abgrenzen, als Art. Diese weit verbreitete Definition erscheint einleuchtend, ist aber nur teilweise anwendbar und nur auf Tiere ausgerichtet. Unabhängig davon, um welche Organismen es geht: Arten und die daraus entstehenden Abstammungslinien teilen sich im Laufe der Zeit mehrfach und finden unter Umständen wieder zusammen, ähnlich wie Mündungsarme in einem Flussdelta.

Bis dato ist noch nicht endgültig erforscht, ob es sich bei diesen Grashüpfern nun um eine einzige Art handelt oder nicht. Dazu müsste die DNA von Exemplaren verschiedener Populationen analysiert werden, außerdem wäre genau zu erkunden, wie und wo die Populationen leben. Betrachtet man das alles unter Berücksichtigung ihrer physischen Erscheinungsbilder, kann man erst sagen, ob die Gruppen unterschiedlich genug sind, um jeweils eigene Arten zu bilden.

TRACHYPETRELLA ANDERSSONII —— SÜDAFRIKA

ACRONICTA ALNI | EUROPA & ASIEN

ERLEN-RINDENEULE

Die Wahrscheinlichkeit, dass eine Raupe das Erwachsenenalter erreicht und als Motte oder Schmetterling davonflattert, ist tatsächlich verschwindend gering. Wenn nicht eine parasitoide Wespe oder Fliege sie erwischt, wird es ein Vogel sein. Raupen sind – bildlich gesprochen – die Cocktailwürstchen der Vogelwelt. Ein Blaumeisenküken braucht Tag um Tag nicht weniger als 100 Raupen, um satt zu werden. Und in einem Nest können bis zu 16 Küken hocken. Die gestressten Eltern stecken vermutlich die Köpfe unter die Flügel und beklagen ihre Lebensplanung.

Als Antwort auf den unerbittlichen Beutedruck haben Raupen darum eine Vielzahl an Überlebensstrategien entwickelt, um das Erwachsenenalter zu erreichen. Verstecken oder auffallen – das sind die beiden Extreme. Viele Schmetterlings- und Mottenraupen entscheiden sich für Ersteres und tarnen sich als unbelebtes Objekt, etwa als Blatt, Zweig oder Vogelkot. Und manche sehen nicht nur aus wie Kot, sondern riechen sogar so. Andere Arten hingegen fallen auf wie der sprichwörtliche bunte Hund: Sie signalisieren möglichen Fressfeinden mit auffälligen Farben und Mustern, dass sie giftig sind oder scheußlich schmecken. Darunter sind auch viele nicht giftige oder sogar eigentlich wohlschmeckende Arten, die wiederum andere Arten nachahmen, die sich erfolgreich durch Gift schützen.

Interessant an Erlen-Rindeneulen ist, dass sie in unterschiedlichen Phasen ihres Lebens mal die eine, mal die andere Strategie anwenden. Die Art ist in weiten Teilen Europas und Asiens zu Hause, wo die Raupen sich gierig über das Laub verschiedener Baumarten hermachen, insbesondere von Erle und Birke. Über lange Phasen ihres Lebens tarnt die Raupe sich gekonnt als Vogelkot, doch für den Übergang in ihr letztes Raupenstadium setzt sie auf ein vollkommen anderes Aussehen: Statt im Vogelkot-Look zeigt sie sich warnend mit gelb-schwarzen Streifen. Wie viele andere Insekten nutzen die Raupen der Erlen-Rindeneule Pflanzengifte zu ihrem Vorteil: Sie bauen Gifte, die sie mit der Nahrung aufnehmen, in ihr eigenes Gewebe ein und machen sie dabei noch giftiger. Und ihre leuchtenden Farben zeigen genau diese Gifte an.

Dabei sind schon die jungen Raupen, die ihre Fressfeinde erfolgreich mit ihrer Vogelkottarnung täuschen, ziemlich giftig und für Vögel ungenießbar. Warum also das aufwendige Umstyling? Je größer die Raupen werden, desto aktiver sind sie. Und am Ende steht die lange Reise vom Blattwerk der Bäume ins Totholz auf dem Boden, wo sie sich verpuppen. Die Kottarnung funktioniert aber nur in der Reglosigkeit. Sobald sie aktiver werden, müssen sie also ihre Verteidigungsstrategie ändern und Fressfeinde durch ihr auffälliges Äußeres davor warnen, wie unverdaulich sie sind.

PRACHTKÄFER

Obwohl die Familie der Prachtkäfer *(Buprestidae)* rund 15 000 Arten umfasst, haben die wenigsten Menschen schon einmal bewusst einen gesehen. Die größten Arten werden 7–8 cm groß und kommen auf allen Kontinenten (bis auf die Antarktis) vor. Viele sind wirklich wunderschön und machen ihrem Namen alle Ehre, doch für viele bedeutet ihr Aussehen auch ihr Untergang: Sie landen aufgespießt als Sammlerstücke in Museen, Privatsammlungen oder schlicht bei Menschen mit einer Schwäche für Glänzendes.

Das Aussehen mal hintangestellt, ist auch ihre Biologie ziemlich interessant. Die Larven einiger Arten ernähren sich von vitalem Holz, Wurzeln, Baumstämmen und als Minierer auch vom Inneren von Blättern (zwischen deren Ober- und Unterhäuten). Die meisten jedoch fressen totes oder verrottendes Holz und leben damit in Habitaten mit einer riesigen Käfervielfalt. Genau dort sollte man suchen, wenn man viele Käfer sehen möchte. Eine diese Totholz-Prachtkäferarten ist wohl hinsichtlich der Dauer des Larvenstadiums ungeschlagen, es sind nämlich unfassbare 51 Jahre – obwohl die Forschung sich in dieser Frage nicht ganz einig ist. Die Dauer hängt nämlich von der Qualität des Futterholzes ab. Normalerweise braucht es je nach Art einige Jahre, doch wenn das Holz trocken und nicht gehaltvoll ist, kann es eben länger dauern, bis die Larven die erforderliche Größe erreicht haben.

Der Bedarf der Larven nach hochwertigem Holz hat im Laufe der Evolution bei einigen Prachtkäfern zu überaus bemerkenswerten Anpassungen geführt, wobei die spektakulärste wohl die Fähigkeit ist, Waldbrände aus großer Entfernung wahrzunehmen. Prachtkäfer der Gattung *Melanophila* verfügen über Sinnesorgane im Brustbereich, die empfindlich auf Infrarotstrahlung reagieren, sodass sie gezielt auf Waldbrände zusteuern können. Diese Superkraft mag zweifelhaft erscheinen, würde doch niemand absichtlich in ein rasendes Feuerinferno fliegen, außer um es zu löschen. Doch *Melanophila*-Larven finden in frisch verbranntem Holz optimale Entwicklungsbedingungen vor, darum bewegen sie sich dahin, wo Feuer ist. Doch zurück zum Aussehen. Prachtkäfer sind so unglaublich bunt und glitzernd (so auch der auf Seite 110/111 abgebildete *Chrysochroa fulgens*), dass sie es zum Modeaccessoire gebracht haben. In Mittel- und Südamerika werden die harten Flügeldecken der Vorderflügel (Elytra) einiger großer Arten zu Schmuck verarbeitet und zieren Kleidung und Accessoires. Den Grundstein für diese Tradition legten die indigenen Völker. In Indien, vor allem in Rajasthan und Uttar Pradesh, wurden Stücke der Flügeldeckel in der Gota-Patti-Stickerei als Pailletten verwendet. Diese Stickereien wurden in Kleidung, Turbanen, Schmuck und zu Zeiten des Mogulreichs sogar in Gemälden verarbeitet, und so machte man es noch bis ins späte 19. Jahrhundert.

Prachtkäfer sind so unglaublich bunt und glitzernd, dass sie es zum Modeaccessoire gebracht haben.

Die Farben und Muster vieler Prachtkäfer sind schlicht atemberaubend, doch wie nutzen sie dem Käfer? Die Farben ergeben sich aus der Oberflächenstruktur der Flügel – ein Phänomen, das man als Strukturfarbe bezeichnet (siehe *Morpho cypris*, Seite 14) – und tragen möglicherweise zur Tarnung der Käfer gegenüber ihren ärgsten Fressfeinden bei: den Vögeln. Einige größere Arten, deren Muster aus großen weißen Punkten oder Streifen bestehen, sind nur sehr schwer zu erkennen, während sie sich auf einem sonnengesprenkelten Stamm oder Ast ausruhen. Möglicherweise signalisiert die starke Musterung der Käfer hungrigen Fressfeinden auch, dass sie giftig sind: Viele stecken bekanntermaßen voller giftiger Bitterstoffe, sogenannter Buprestine. Andere Arten tun hingegen nur so, als seien sie giftig, indem sie den Look von Arten mit chemischer Verteidigung kopieren.

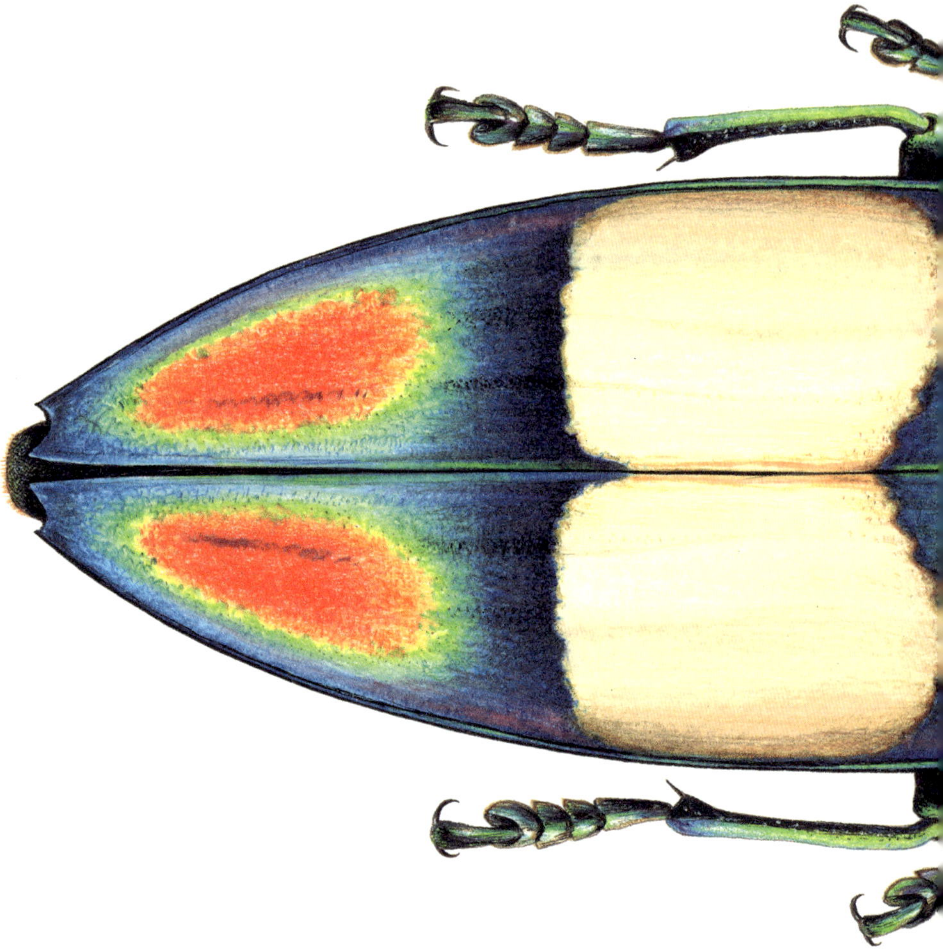

PRACHTKÄFER

Die Farben und Muster dieser Käfer signalisieren ihre Giftigkeit und dienen möglicherweise als Tarnung auf sonnengesprenkelten Baumstämmen und Ästen.

KURZFLÜGLER

Betrachtet man das Muster auf dem Körper dieses Kurzflüglers genauer, denkt man unweigerlich an Das Ding aus dem Comic der Fantastischen Vier. Die komplex geformte Oberflächenstruktur dient als Schutzschild, denn der Kurzflügler lebt unter Wanderameisen. Eine befremdliche Wahl, denn Wanderameisen gelten nicht gerade als freundlicher Umgang – ganz im Gegenteil. Sie ziehen in langen Reihen über den Waldboden der Neotropen und schnappen und zerstückeln alle kleinen Tieren, die ihnen unterkommen. Anders als andere Ameisen bauen sie auch kein dauerhaftes Nest, sondern errichten für eine begrenzte Zeit eine Struktur – ein sogenanntes Biwaknest – aus ihren eigenen Körpern, mit der sie die Königen schützen und in der sie ihre Brut aufziehen.

Das klingt nicht gerade nach einem heimeligen Örtchen – und ist es auf den ersten Blick auch nicht –, hat aber dennoch seinen Reiz. Von der inneren Komplexität der temporären Nester, dem vorhandenen Nahrungsangebot und dem Schutz, den die Ameisen bieten, profitieren eine ganze Reihe anderer Tiere. Manche sind vollkommen abhängig von den Wanderameisen, andere leben in ihrer unmittelbaren Nähe, wieder andere leben in den Nestern, werden aber bei Entdeckung nicht geduldet, und dann gibt es noch solche, die die Ameisen reinlegen und fast umstandslos in die Kolonie aufgenommen werden. Bei einer jüngeren Studie in Costa Rica hat man 62 Arten identifiziert, die in Abhängigkeit von sechs Wanderameisenarten leben, darunter 49 Käfer-, elf Fliegen- und eine Tausendfüßerart sowie ein Silberfisch. Und vierzehn davon waren den Forschenden bis dahin unbekannt!

Dieser interessante Kurzflügler (*Ecitonides constanceae*, rechts) ist eine solche Art und wurde ebenfalls gerade erst entdeckt. Sie ist mir bei einer Amazonasexpedition in Südperu in eine Lichtfalle für Insekten geraten. Benannt ist sie übrigens nach meiner Tochter, was sie nicht sonderlich beeindruckt hat. Sie wird es zu schätzen wissen, wenn sie einmal älter ist. Vielleicht. Die meisten Kurzflügler können fliegen und sie falten ihre Hinterflügel geschickt unter die sehr kurzen Flügeldeckel. Mein Exemplar war offensichtlich gerade auf der Suche nach einem Biwaknest. Bislang handelt es sich um die achte Spezies (Art) dieser Gattung, deren sämtliche Vertreter unter Ameisen leben. Wie genau das abläuft, weiß man noch nicht.

Die haarähnlichen Puschel an ihrem Hinterleib nennt man Trichomen. Bei anderen Käferarten, die mit Ameisen leben, dienen Trichome der Vergrößerung der Körperoberfläche, über die sie Pheromone abgeben, die denen der Ameisen nachempfunden sind. So können sie sich unter die Ameisen mischen, ohne massakriert zu werden. Das feste, reliefartige, etwas warzige Außenskelett der Käfer bietet ihnen vermutlich ein wenig Schutz, falls die Ameisen den Braten – oder vielmehr den eingedrungenen Käfer, der sich als Ameise ausgibt – riechen, während er den sensiblen Bereichen des Nests zu nahe kommt.

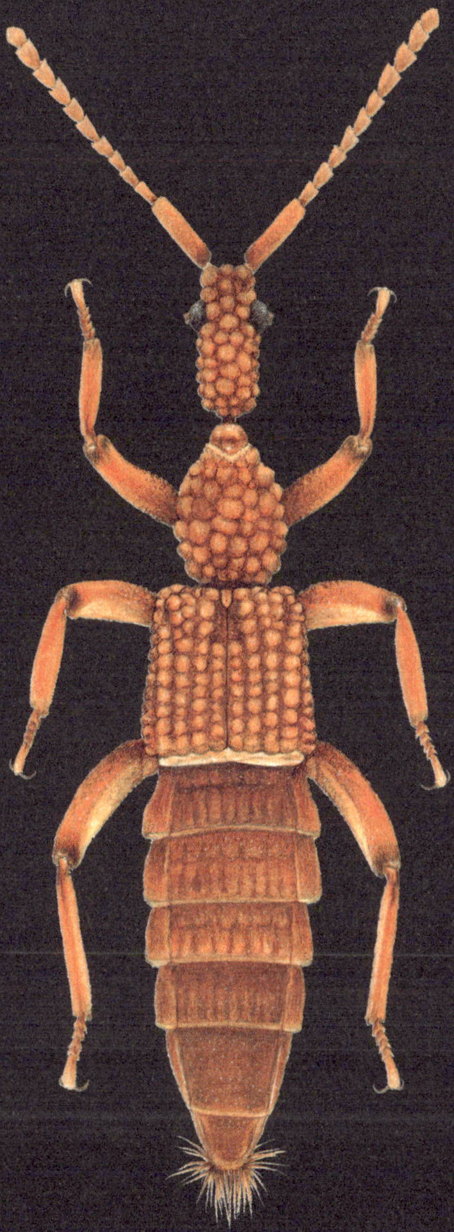

ECITONIDES CONSTANCEAE — SÜDAMERIKANISCHE TROPEN

VANESSA CARDUI | WEIT VERBREITET

DISTELFALTER

Jahreszeitliche Tierwanderungen (Migration), etwa von Huftieren, Walen oder Vögeln, haben die Menschen schon immer interessiert, entweder aus praktischen Gründen („Wo ist das ganze Essen hin?“) oder aus spirituellen („Gott muss unzufrieden mit uns sein, denn das ganze Essen ist weg.“) Es ist noch nicht lange her, dass die Menschen haarsträubende Theorien über das Phänomen der Migration aufstellten. Im 16. Jahrhundert vermutete der schwedische Geistliche Olaus Magnus, der möglicherweise mit Drogen experimentiert hatte, dass Schwalben auf dem modrigen Grund von Seen und Flüssen überwintern. Im späten 17. Jahrhundert spekulierte der englische Pfarrer Charles Morton, dass Vögel zum Überwintern auf den Mond flögen. Den ersten handfesten Beweis für den Vogelzug zwischen Kontinenten gab es erst 1822, als ein Weißstorch mit einem afrikanischen Speer im Hals nach Deutschland geflogen und dort gefunden wurde!

Mit modernen Mitteln und Techniken können wir heute intensiver erforschen, was Tiere so treiben. Wir wissen daher eine Menge über das Zugverhalten vieler Vogelarten, doch längst nicht alles. Auch viele Insektenarten unternehmen unglaubliche Wanderungen, doch es ist uns erst in den letzten Jahrzehnten gelungen, mehr über ihre Routen herauszufinden.

Besonders bemerkenswert ist das Wanderverhalten des Distelfalters, der sich durch seine wunderschöne Musterung auszeichnet. Seine Art unternimmt jährlich eine enorme Wanderung von Subsahara-Afrika bis zum nördlichen Polarkreis, hin und zurück insgesamt 14 000 km. Mithilfe von Radarmessungen hat man unlängst entdeckt, dass die Falter in Höhen von 500 m fliegen und dabei bestimmte Luftströmungen nutzen, sodass sie Geschwindigkeiten von bis zu 50 km/h erreichen.

Interessant ist hierbei, dass nicht einzelne Individuen die gesamte Strecke zurücklegen, sondern den Weg in den gemäßigten Sommer im Norden über sechs Generationen bewältigen. Die meisten Distelfalter, die im Herbst nach Afrika zurückkehren, sind die Ururururenkel der Falter, die früher im Jahr aus Afrika losgeflogen sind. Obwohl sie kaum ein Gramm schwer sind und ihr Gehirn nicht einmal so groß ist wie ein Stecknadelkopf, bewältigen Distelfalter diese unglaubliche Reise, ohne auf die Erfahrungen älterer, erfahrener Verwandter zurückzugreifen. Bei ihrer Wanderung orientieren sie sich an Umweltmerkmalen und mithilfe ihrer hochentwickelten Facettenaugen, die als Sonnenkompass dienen. So hilft ihnen der Sonnenstand, den richtigen Weg nach Norden bzw. Süden einzuschlagen – auch bei bedecktem Himmel, denn die Augen der Distelfalter – und vieler anderer Insekten – können die Polarisation von Licht erkennen. Das wichtigste Umweltmerkmal für die Falter ist die Tageslänge (also zwischen Sonnenauf- und Sonnenuntergang), doch möglicherweise geben auch die Temperatur und der Entwicklungsstand ihrer Futterpflanzen Hinweise. Wenn die Tage länger werden, entwickeln sich die Raupen zu Schmetterlingen, die es unwiderstehlich nach Norden zieht. Werden die Tage im Spätsommer wieder kürzer, schlägt das Verhalten um, und die Raupen entwickeln sich zu Schmetterlingen, die dringend gen Süden wollen.

AMERIKANISCHER TOTENGRÄBER

Einst war dieser große, schwarz-orange gemusterte Käfer in weiten Teilen Nordamerikas zu Hause, dann aber verschwanden 90 % der Populationen. Engagierte Umweltschützer konnten sein völliges Verschwinden aufhalten. Verstädterung und intensive Landwirtschaft haben sicherlich zur Dezimierung der Populationen beigetragen, doch die genauen Gründe sind unklar.

Wie der Name schon verrät, vergraben Totengräber gern Dinge, insbesondere die Kadaver kleiner Wirbeltiere, die sie extrem gut aufspüren können. Und das müssen sie auch, denn tote Tiere locken alle möglichen Insekten an. Im Anfangsstadium der Verwesung machen sich zum Beispiel Schmeißfliegen über die Kadaver her. Ihre Maden sind Aasfresser, wie sie im Buche stehen, und verschlingen in kürzester Zeit sämtliche Weichteile, besonders bei warmem Wetter. Die Totengräber müssen das Aas also finden, bevor die Maden ans Werk gehen. Segnet ein kleiner Säuger oder Vogel das Zeitliche, machen die Totengräber sich sofort auf den Weg: Sie riechen den Hauch des Todes schon aus 3 km Entfernung und erreichen das verendete Tier manchmal schon innerhalb einer Stunde nach seinem Ableben.

Besonders gefragt sind Kadaver mit einem Gewicht von 80–100 g, die erwartungsgemäß meist mehrere Totengräber herbeilocken. Einmal vor Ort, liefern sie sich eine kleine Rangelei um den Anspruch auf das tote Tier, bis am Ende ein überlegenes Männchen und ein Weibchen übrig bleiben. Dann tickt die Uhr; die beiden müssen schnell arbeiten, da jederzeit andere Vertreter ihrer Art auftauchen könnten, um ihnen die Beute abspenstig zu machen. Außerdem setzt die Verwesung des Kadavers ein. In den folgenden Stunden graben sie eifrig um und unter dem toten Körper, damit er vollständig unter die Erde kommt. Ist das erledigt, feiern die beiden das mit ihrer Paarung und graben dann eine Höhle rund um den Kadaver.

In Vorbereitung auf die nächsten Schritte befreit das Paar den Kadaver von Fell beziehungsweise Federn und formt ihn zu einer Kugel, die es mit Sekreten aus ihren Anal- und Speicheldrüsen einschmiert. Dieser Schritt ist sehr wichtig, da die Sekrete verhindern, dass sich Mikroben entwickeln, die ihrerseits das tote Tier verspeisen würden. Ist die vorbereitende Arbeit am Kadaver erledigt, legt das Weibchen seine Eier ab und das Paar beginnt zu warten. Rund sechs Tage später zeigen die Eltern sich von einer – in der Welt der Insekten sonst nicht vorkommenden – sehr fürsorglichen Seite: Sie geleiten ihren Nachwuchs zu der Aaskugel, bohren ein Futterloch hinein und versorgen die hungrigen Larven mit Nahrung. Mindestens ein Elternteil – manchmal sogar beide – bleibt bei den Jungen, um sie zu füttern und zu putzen, bis sie sich verpuppen.

NICROPHORUS AMERICANUS — NORDAMERIKA

BIENENWOLF

Der Bienenwolf ist eine Wespenart – allerdings keine staatenbildende –, die fröhliche Picknicks sprengt und am Ende im Saftglas ertrinkt. Der Bienenwolf lebt, wie die Mehrzahl aller Wespenarten, solitär. Es gibt insgesamt rund 20000 solitär lebende Wespenarten, doch eingehend erforscht ist bis dato nur eine Handvoll. Dass auch der Bienenwolf darunter ist, ist der Geduld und Kreativität der Forschungsgruppe um Erhard Strohm von der Universität Regensburg zu verdanken, die die außergewöhnliche Lebensweise der Art studiert hat.

Für ihr Nest graben Bienenwolfweibchen eine sanft abfallende Röhre in sandigen Boden, von der drei bis 34 Brutkammern abgehen, in denen ihr Nachwuchs heranwächst – je eine Larve pro Brutkammer.

Im nächsten Schritt macht sie ihrem Namen alle Ehre und begibt sich auf die Jagd nach Honigbienen, um die Brutkammern mit Vorräten zu füllen. Ihr Jagdrevier sind blumenreiche Regionen. Dort stürzt sie sich auf Honigbienen beim Blütenbesuch, ringt sie zu Boden und injiziert ihnen dann eine kleine Menge Gift. Dazu versenkt sie ihren Stachel mit chirurgischer Präzision in einen Nervenknoten hinter den Vorderbeinen der Biene, um sie im Handumdrehen in eine finale Lähmung zu versetzen.

Dann umklammert das Bienenwolf-Weibchen die Beute mit den Beinen und transportiert sie unter Einsatz ihrer gesamten Muskelkraft und Navigationsfähigkeit zum Nest. So beladen, erreicht der Bienenwolf mehr als das Doppelte seines eigenen Gewichts, und der – mehrere Hundert Meter oder sogar einen Kilometer lange – Rückflug zum Nest wird zum Härtetest. Dort angekommen schleppt das Weibchen die Honigbiene in eine dunkle Brutkammer und leckt sie von oben bis unten ab. Dabei verteilt sie ein Sekret aus Drüsen in ihrem Kopf, glättet und imprägniert jede noch so kleine Ritze und Ausstülpung, um damit jegliches Kondensieren von Wasser zu verhindern. So bleibt die Honigbiene trocken und schimmelt nicht. Physik schlägt Pilze!

Das Bienenwolfweibchen umklammert die Honigbiene und transportiert sie unter Einsatz ihrer ganzen Muskelkraft zum Nest.

Wenn eine Brutkammer voll ist – mit bis zu sechs Honigbienen –, legt das Weibchen ein einzelnes Ei. Dann versiegelt es die Innenwände der Kammer zum Abschied mit einem kleinen Tropfen weißlicher Flüssigkeit aus Drüsen in seinen Fühlern. Diese enthält Bakterien namens *Streptomyces philanthi*, die ausschließlich in symbiotischer Gemeinschaft mit dem Bienenwolf leben. Nach dem Schlupf verspeist die Bienenwolflarve alle gelähmten Honigbienen in ihrer Brutkammer und spinnt sich im Anschluss in einen silbernen Kokon ein, in dem sie Herbst und Winter verschläft. In dieser Zeit offenbaren sich die erstaunlichen Funktionen des Abschiedsgeschenks: Der kleine weiße Tropfen zeigt im Dunkel der Brutkammer den Ausgang an, damit sich die Larve bei der Verpuppung mit dem Kopf in Richtung der zentralen Röhre so positioniert, dass das adulte Tier im folgenden Sommer direkt hinausschlüpfen kann. Einmal richtig platziert, spinnt die Larve einen Teil des Bakterientropfens in ihren silbernen Kokon ein. Auf diese Weise entstehen Verbindungen, die schädliche Bakterien und Pilze abtöten, mit denen sich die schlafende Larve ansonsten in den feuchten, kälteren Monaten infizieren könnte.

BIENENWOLF

Bienenwolfweibchen nehmen enorme Anstrengungen auf sich, um ihr unterirdisches Nest mit Vorräten für ihre Larven auszustatten.

ZOPHERUS CHILENSIS — SÜDLICHE USA & MITTELAMERIKA

MAQUECH

Die Erfolgsgeschichte der Gemeinschaft der Insekten beruht im Wesentlichen auf ihrem Exoskelett, jener robusten, leichten und wasserfesten Kapsel, die den Tieren ein Leben in jeder beliebigen Nische zu Land und zu Wasser ermöglicht. Käfer zählen in Sachen Außenskelett zum Goldstandard. Im Laufe der Evolution entwickelten ihre Vorderflügel sich zu verhärteten, miteinander verbundenen Deckflügeln – den Elytren –, die sich schützend über die empfindlichen Hinterflügel und den Hinterleib legen. Dank dieses innovativen Merkmals können sie sich auch in seltsamen Habitaten wie verrottenden Pflanzen, Erde, Kadaver und Dung herumtreiben und ansiedeln. Dabei schützen die Elytren vor allem die Flügel, sodass die Käfer einfach abheben können, wenn sie auf der Suche nach Partnern oder einem neuen Dreckhaufen sind.

Die Ordnung der Käfer hat sich entwickelt, als das Fressfeindproblem für Arthropoden sich verschärfte, weil die Wirbeltiere als evolutionäre Neulinge das Leben an Land für sich entdeckten. Die Arthropoden hatten das Land für 30 Millionen Jahre unter sich aufgeteilt, und nun machten die Wirbeltiere ihnen ihr Stück vom Kuchen streitig, indem sie die kleine leichte Beute einfach auffraßen. Die Elytren gewährten den Käfern einen gewissen Schutz vor diesen Fressfeinden. Der nicht enden wollende Konflikt zwischen Jäger und Beute und zusätzlich der harte Überlebenskampf an heißen, trockenen Orten hat zur Entwicklung des wohl härtesten Exoskeletts überhaupt geführt: Schützen tut es die Unterfamilie der *Zopherinae*, auf Englisch überaus passend als Ironclad Beetles („eisengepanzerte Käfer") bezeichnet. Als Mitglied dieser Unterfamilie kann der teuflische eisengepanzerte Käfer *Nosoderma diabolicus* dem Druck des 39000-Fachen seines Körpergewichts standhalten. Um sie für Displays – in privaten Sammlungen oder in Museen – aufzuspießen, müssen Löcher in seinen Panzer gebohrt werden!

Was die Außenskelette dieser Käfer so stabil machte, konnte unlängst mittels Microcomputertomographie ermittelt werden. Bei diesem bildgebenden Verfahren wird eine dreidimensionale Schichtaufnahme des Insekts erstellt. So fand man heraus, dass sich aus der Verbindung zwischen Elytren und Hinterleib ein komplexes Gelenk mit mehreren Abschnitten entwickelt hat, die sich wie Puzzleteile ineinanderfügen. Die Verbindungen bestehen ähnlich einer Zwiebel aus mehreren Schichten, die sich bei Belastung gegeneinander verschieben, sodass die Kräfte gleichmäßig verteilt werden und der Käfer nicht zerdrückt wird. Auch hier kann ein Phänomen aus der Insektenwelt zweifellos zu Durchbrüchen im technischen Bereich führen: Mit dem Nachbau der Puzzlemechanik zur Verbindung zwischen Materialien mit unterschiedlichen Eigenschaften eröffnen sich neue Anwendungsmöglichkeiten etwa in der Luft- und Raumfahrttechnik.

Die stabile Rüstung hat allerdings auch Nachteile, denn aufgrund der komplexen Verbindung zwischen Elytren und Hinterleib sind die Käfer flugunfähig. An den Boden gefesselt, eher groß und dazu noch langlebig, weckten die Käfer das Interesse der Maya, die sie als lebenden Schmuck benutzten. Diese jahrhundertealte Tradition pflegt man in manchen Gegenden noch heute: Als lebende Broschen werden die bedauernswerten Tiere mit Halbedelsteinen verziert und mit einer kurzen Kette an einer Anstecknadel fixiert.

ONYCHOCERUS ALBITARSIS

Die Familie der Bockkäfer, die ihren Namen ihren langen, beweglichen und häufig nach hinten gebogenen und damit an die Hörner eines Steinbocks erinnernden Fühlern verdanken, gehört mit über 35 000 Arten zu den größten Käferfamilien überhaupt. Lange wurden diese Käfer, die Körpergrößen zwischen 2 und 170 mm (beim Riesenbockkäfer) erreichen, wegen ihres ansprechenden Aussehens geschätzt.

Die Larven der meisten Arten sind Holzfresser und bearbeiten das feste Material mit ihren kräftigen Mundwerkzeugen. Dabei kommt ihnen eine ganze Flut von Mikroorganismen zu Hilfe, die die ansonsten unverdaulichen Fasern aufbrechen. Aufgrund ihrer Vorliebe für Holz kommen sie menschlichen Interessen häufig in die Quere, denn die Larven einiger Arten hinterlassen im Holz von kommerziell genutzten Baumarten deutlich sichtbare Fraßgänge.

Im Gegensatz dazu verfügen die erwachsenen Tiere häufig über eine ausgezeichnete Tarnung. Dank ihrer Farben und Muster sind sie auf moos- und algenbewachsener Baumrinde beinahe unsichtbar, was ihnen einen gewissen Schutz vor Fressfeinden gewährt. Versagt diese Tarnung, können sie auf andere Verteidigungsstrategien wie starke Beißwerkzeuge und gefährliches Gift zurückgreifen, um mögliche Fressfeinde zu beißen oder zu verwirren. Doch auch dieses Abwehrpaket reicht unter Umständen nicht, wie ich einmal in Peru erlebt habe: Dort wurde ein riesiger Bockkäfer unversehens von einem Angreifer in Stücke gerissen. Der vordere Teil des Körpers mit dem gut geschützte Kopf nebst Brustbereich landete zu meinen Füßen zappelnd auf dem Boden, während der Angreifer oben im Baum bereits den Hinterleib verschlang.

Allerdings ist es sehr unwahrscheinlich, dass Bockkäfer so kläglich enden, denn sie haben tatsächlich noch eine weitere Verteidigungsstrategie: Sie können stechen. Stachel sind eigentlich eine Spezialität von Skorpionen und Hautflüglern, zu denen unter anderem Wespen, Ameisen und Bienen gehören. Interessanterweise stechen Bockkäfer mit ihren Fühlern, die beide sehr beweglich und mit scharfen Spitzen bewehrt sind, sodass sie sich mit kraftvoll durch die Haut nichts ahnender Feinde jagen lassen. Beim Menschen verursacht ein solcher Stich Schmerzen und Entzündungen, doch ich kann mir vorstellen, dass ein Vogel oder Primat, der einen solchen Stich ins Gesicht bekommt, den Käfer eilig abschüttelt und nichts mehr von ihm wissen will.

Man weiß nicht genau, was der Käfer seinen Opfern injiziert. Ist es ein von dem Käfer selbst gebildetes Gift oder handelt es sich ein assimiliertes Gift, das die Larve während ihrer Entwicklung aus dem Holz der Wirtspflanze aufgenommen hat? Einige Verwandte dieses Käfers leben nämlich im Larvenstadium von Bäumen, die reizende Säfte oder Harze produzieren. Es wird unter Umständen noch eine Weile dauern, bis man eine Antwort auf diese Frage findet, denn die Art wird nur selten gesichtet und ist in Museumssammlungen eher schwach vertreten. *Onychocerus albitarsis* kommt in Bolivien, Brasilien, Paraguay und Peru vor. Über ihre Biologie weiß man nur wenig, insbesondere was die Wirtsbäume angeht, in denen die Larven heranwachsen.

ONYCHOCERUS ALBITARSIS —— SÜDAMERIKANISCHE TROPEN

CICINDELA CHINESIS — ASIEN

CHINESISCHER SANDLAUFKÄFER

In einer meiner frühesten Kindheitserinnerungen jage ich auf einem sandigen Pfad Sandlaufkäfern (auch Tigerkäfer genannt) nach, fange sie mit der Hand und werde gebissen. Für alle, die Käfer bewundern, haben Sandlaufkäfer einen besonderen Reiz; nicht nur wegen ihrer Schönheit – einige Arten glänzen wie Edelsteine in der Sonne –, sondern auch, weil sie mit ihrem wuseligen Aktivismus alle Aufmerksamkeit auf sich ziehen. Als Erwachsener habe ich sie schon – häufig vergeblich – an Flussufern in Borneo, in den Wüsten Namibias und auf pazifischen Stränden in Costa Rica gesucht. Die rund 2600 Sandläuferarten sind leicht an ihren leuchtenden Farben, auffälligen Mustern, langen Beinen und großen Augen, die über furchteinflößenden Mundwerkzeugen sitzen, zu erkennen – wie bei der abgebildeten *Cicindela chinesis*. Wenn man sie näher und in Aktion beobachtet, werden ihre Absichten sofort klar: Sandlaufkäfer sind die geborenen Jäger, die andere Insekten in atemberaubender Geschwindigkeit am Boden oder aus der Luft verfolgen. Sie sind an Tempo nicht zu überbieten – die schnellsten Arten legen 170 Körperlängen in der Sekunde zurück. Das ist etwa so, also würde ich in Schallgeschwindigkeit sprinten.

Sie rennen so schnell, dass ihr Sehsinn bei diesem Tempo nicht mithalten kann. Darum stoppen sie bei der Jagd immer wieder, um sich neu zu orientieren und ihre Beute neu zu fixieren. Haben sie diese dann erwischt, durchbohren und zerbeißen sie deren Körper mit ihren großen, scharfen Mundwerkzeugen. Wie viele andere jagende Käfer nutzen auch Sandlaufkäfer eine extraorale Verdauung: Sie erbrechen Verdauungssäfte über der Beute und saugen das verflüssigte Ergebnis dann auf.

Die Larven der Sandlaufkäfer sind sogar noch faszinierender als das adulte Insekt. Auch sie sind erbarmungslose Jäger. Allerdings nehmen sie nicht aktiv die Verfolgung auf, sondern lauern ihrer Beute aus dem Hinterhalt – dem Ausgang ihrer senkrechten Wohnröhre im Boden oder auch in totem Holz – auf. Halt finden sie dabei dank eines mit kleinen Haken versehenen Buckels an ihrem Hinterleib, und mit ihrem gepanzerten Kopf verschließen sie den Eingang der Röhre, den Mund weit aufgesperrt. So warten sie, bis ein Arthropode in passender Größe des Weges kommt. Registrieren sie mit ihren wachsamen Augen und Fühlerhaaren einen Käfer oder eine Ameise nah an ihrem Bau, schießen sie aus der Röhre hervor, packen die Beute mit ihren Mundwerkzeugen und ziehen sie ins Dunkel, um sie dort zu verspeisen.

Doch so furchteinflößend die Sandlaufkäfer sind: Sogar sie haben Feinde. Zu den interessantesten unter ihnen zählt eine unbeflügelte, parasitoide Wespenart, die die Käferlarven aus ihrer Lauerposition lockt. Dann jedoch entgeht sie geschickt den zuschnappenden Mundwerkzeugen, kriecht in deren Wohnröhre, versetzt der Larve einen lähmenden Stich, der sie beinahe sofort bewegungsunfähig macht. Die Wespe, die nur einen Bruchteil so groß ist wie die Sandkäferlarve, schiebt sie tiefer in den Bau, legt ein einzelnes Ei auf ihr ab, versiegelt die Höhle und sucht einen weiteren Wirt. Wenn die Wespenlarve schlüpft, frisst sie die gelähmte Käferlarve vollständig auf.

CYRTUS GIBBUS

Außerhalb von entomologischen Fachkreisen sind diese Fliegen nicht sonderlich bekannt – obwohl sie es verdient hätten, schon allein wegen ihres Aussehens. Mit ihren merkwürdig kleinen Köpfen (die kaum mehr als ein Paar Augen sind), dem Buckel und dem untersetzten Körper muten sie irgendwie unschuldig an, doch hinter ihrem putzigen Aussehen lauert ein dunkles Geheimnis. Wie so viele andere Insekten sind sie parasitoid (vermutlich die beliebteste Lebensweise unter Insekten); als Larven verspeisen sie Spinnen von innen nach außen.

Die weibliche Fliege legt einen Schwung Eier in oder neben einem Spinnennetz ab. Nach dem Schlupf machen sich die munteren Larven sogleich auf die Suche nach dem Wirt. Diejenige, die das große Los in der Kleinkopffliegen-Lotterie zieht, schafft es in das Innere der ahnungslosen Spinne, meist durch ein Gelenk am Bein. Von dort aus kriecht sie in die Buchlunge (das Atmungsorgan) des Spinnentiers, wo sie – manchmal jahrelang – geduldig darauf wartet, dass ihr dem Tod geweihter Wirt groß genug ist. Wenn es dann so weit ist, bringt die Larve die Spinne irgendwie dazu, ein schützendes Netz zu spinnen, bevor sie sie auffrisst.

Diese Art zu leben mag uns vielleicht schaurig erscheinen. Im viktorianischen Zeitalter jedoch war allein die Existenz solcher Tiere der reinste Affront für religiöse Menschen wie z. B. Charles Darwin, der schlicht nicht akzeptieren wollte, dass ein guter Gott derlei verschlagene Wesen erschaffen habe. Neben den Finken und der Tierwelt des Malaiischen Archipels waren es wohl Parasitoide, die Charles Darwin und Alfred Russel Wallace dazu veranlassten, ihre Weltsicht zu ändern und das zu formulieren, was als Evolution durch natürliche Selektion bekannt werden sollte. Aus ökologischer Sicht ist die Lebensweise der Parasitoiden von zentraler Bedeutung für das Funktionieren von Ökosystemen an Land und im Wasser, so groß ist die Fülle und Vielfalt solcher Insekten (siehe Zwergwespe – Seite 82).

Über ihr Aussehen und ihren ruchlosen Umgang mit Spinnen hinaus ist die hier abgebildete kleinköpfige Fliege noch aus einem weiteren Grund interessant, nämlich wegen ihres wespenähnlichen Musters. Dabei handelt es sich um eine recht überzeugende Nachahmung ebenfalls parasitoid lebender Erzwespen, die es allerdings nicht auf Spinnen, sondern auf solitär lebende Bienen abgesehen haben. Diese Art der Nachahmung bezeichnet man nach dem Naturforscher und Forschungsreisenden Henry Walter Bates, der im 19. Jahrhundert gemeinsam mit Wallace elf Jahre in Südamerika unterwegs war, um den Amazonas und seine Nebenflüsse zu erforschen, als Bates'sche Mimikry.

Von Bates'scher Mimikry spricht man, wenn eine eher harmlose Spezies – in diesem Fall die kleinköpfige Fliege – sich so entwickelt hat, dass sie die Warnsignale einer gefährlichen Spezies – in diesem Fall einer Wespe, die über einen Stachel verfügt – nachahmt. Klar, für Spinnen ist die Fliege überhaupt nicht harmlos, doch die Fressfeinde beider Insekten sind Vögel, und für diese ist die gelb-schwarze Musterung als Warnsignal gedacht. Wird ein Vogel von einem dieser Insekten in die Schnabelhöhle gestochen, graviert sich das ins Gedächtnis des naiven Vogels ein, und er wird das optische Warnsignal zukünftig meiden, auch wenn der Träger faktisch harmlos ist.

CYRTUS GIBBUS — EUROPA

EMUS HIRTUS — EUROPA

BEHAARTER KURZFLÜGLER

Im Flug sieht dieses flauschige, schwarz-gelb-weiß gestreifte Insekt einer Hummel zum Verwechseln ähnlich. Schaut man genauer hin, erkennt man, dass es keine Hummel ist, sondern eine Kurzflüglerart. Einige Kurzflügler haben wir schon kennengelernt (siehe Seite 65 und 112), doch ihre Vielfalt ist erstaunlich. Gemeinsam mit den Rüsselkäfern sind die Kurzflügler in Sachen Artenvielfalt und Verbreitung die erfolgreichsten Tiere der Welt. Man kennt bis dato rund 68 000 Kurzflüglerarten, von denen viele klein, rätselhaft und leicht zu übersehen sind. Man findet sie in den Tiefen von Ameisennestern, an steinigen Meeresküsten und überall dazwischen.

Die meisten Kurzflügler sind von eher länglicher Gestalt und haben verkürzte Flügeldecken (Elytren) und dadurch einen weitgehend ungeschützten Hinterleib. Diese Anpassung ist möglicherweise der Schlüssel zu ihrem Erfolg, denn dank ihrer Flexibilität können sie problemlos durch kleine Zwischenräume im Boden, in Blattabfällen und verwesendem Pflanzenmaterial krabbeln. Trotz der im Allgemeinen verkürzten Elytren haben die meisten voll ausgebildete Flügel und bewegen sich geschickt durch die Lüfte. Es ist ein Wunder der Natur, wie sie ihre Flügel innerhalb eines Wimpernschlages ausbreiten und gleich wieder in den winzigen Hohlraum unter den Elytren falten können. Möglich wird das schnelle Einklappen durch Muskeln, biegsame Flügeladern, das Drehen des Hinterleibs und eine geniale Falttechnik, die als Inspiration für die Entwicklung neuer Falt- und Packtechniken für Solarpaneele von Satelliten und einer Reihe anderer Alltagsanwendungen dienen können.

Zurück am Boden, hat der hübsch anzusehende Behaarte Kurzflügler ein unbändiges Verlangen nach dem Mist von Säugetieren. Ganz besonders liebt er angetrocknete Kuhfladen, die außen schon ein bisschen fest und innen noch weich sind. Allerdings ernährt er sich nicht von dem Dung, sondern von den Tieren, die Ausscheidungen ebenfalls attraktiv finden, insbesondere die verschiedenen Mistkäfer, die in Scharen kommen, um ihre Tunnel durch die Fladen zu ziehen und dabei Mistkugeln zu drehen, die sie an ihren Nachwuchs verfüttern.

Der Behaarte Kurzflügler ist nur unter warmen, sonnigen Bedingungen aktiv und bekannt als beherzter Jäger, der seine Beute durch den Dung verfolgt und ihr mit einem schnellen Biss mit seinen mächtigen Mundwerkzeugen den Kopf abbeißt.

In den letzten Jahrzehnten ist man dazu übergegangen, Vieh und Haustiere vorbeugend mit Wurmkuren zu behandeln, die nicht nur gegen Darmparasiten wirken. Sie töten nach dem Ausscheiden auch die Tiere, die von dem Dung des zuvor behandelten Tieres leben. Dadurch ist die Zahl der Mistkäfer dramatisch gesunken und in der Folge auch die ihrer Fressfeinde, zu denen eben auch der Behaarte Kurzflügler gehört. Dabei sind Insekten, die von Dung leben, ein wichtiger Bestandteil der Ökosysteme zu Land, und wir vergiften sie zu unserem eigenen Schaden. Mit der Ausrottung dieser Insekten wird ein wichtiges Glied in der Nahrungskette gekappt.

TOTENKOPFSCHWÄRMER

Wenn es eine Mottenart gibt, die fest in der kollektiven Psyche verankert ist, dann ist es wohl diese, denn sie spielt eine Rolle im Film „Das Schweigen der Lämmer" und ist auf dem Filmplakat abgebildet. Auf dem Bildmaterial zum Film sieht man tatsächlich einen Totenkopfschwärmer, doch bei genauerer Betrachtung erkennt man, dass das Totenkopfmotiv sich aus mehreren nackten Körpern zusammensetzt: ein Verweis auf den gruseligen Inhalt des Films.

Doch der Totenkopfschwärmer ist auch jenseits von makabren Thrillern ein faszinierendes Insekt. Schwärmer sind elegante und häufig große Schmetterlinge. Dank ihrer starken Flügel und der kräftigen Flügelmuskulatur können sie große Distanzen zurücklegen und sogar ausgezeichnet in der Luft stehen, um Nektar zu saugen. Einige Arten, darunter etwa das Taubenschwänzchen, sind Tagfalter. Während der Corona-Lockdowns, als es an Freizeitangeboten mangelte, haben viele Menschen sich die Zeit damit vertrieben, Motten mit Lichtfallen zu fangen (zumindest im Vereinigten Königreich). Wer das schon einmal probiert hat, kennt das Erfolgserlebnis, wenn man einen oder gleich mehrere Totenkopfschwärmer fängt. Deren Raupen zu züchten, ist noch aufregender. Wie die adulten Tiere sind auch die Raupen spektakulär. Nach dem Schlupf aus den winzigen Eiern sind die Raupen wahre Fressmaschinen, die beunruhigend schnell wachsen. Eine voll ausgewachsene Totenkopfschwärmerraupe wird bis zu 15 cm lang und sieht aus wie ein gelbes Würstchen. Sie ernährt sich vom Blattwerk verschiedener Pflanzen, bevorzugt jedoch Kartoffelpflanzen.

Die Raupen sind Fressmaschinen, die beunruhigend schnell wachsen.

Bis dato sind drei Arten des Totenkopfschwärmers bekannt, deren Lebensraum von Afrika bis nach Asien reicht und sich nördlich bis nach Europa ausdehnt. Aufgrund des Klimawandels kann man davon ausgehen, dass sie in Zukunft auch in Regionen heimisch werden, in denen sie früher nicht leben konnten. Imkerinnen und Imker wird das wohl nicht begeistern, denn Totenkopfschwärmer haben eine Schwäche für Honig und plündern den süßen Saft aus den Bienenstöcken. Vermutlich ahmen Totenkopfschwärmer – wie viele andere Nesträuber – den Geruch von Honigbienen nach, um sich unbemerkt in deren Stöcke hineinzuschmuggeln. Die auffällige Zeichnung auf ihrem Thorax ist Teil ihrer Fressfeindeabwehr. Eigentlich erinnert sie nur grob an einen Totenkopf. Dass wir sie dennoch als solchen deuten, ist dem menschlichen Drang geschuldet, überall Gesichter erkennen zu wollen, ob in Bäumen, auf Toast oder eben auch auf Motten. Wird der Totenkopfschwärmer bedroht, spannt er die Flügel auf, um seine farbenfrohen Hinterflügel zu zeigen. Betrachtet man die Zeichnung auf dem Kopf, könnte sie, wie manch einer vermutet, auch das Gesicht eines weitaus größeren Tieres imitieren, um Fressfeinde abzuschrecken. Das lässt sich allerdings schwer belegen. Der Effekt wird dadurch verstärkt, dass die Motte wie ein Hundespielzeug quieken kann, indem sie Luft ein- und schnell wieder ausstößt und so ihre Mundwerkzeuge zum Vibrieren bringt.

TOTENKOPFSCHWÄRMER

Zur Abschreckung von Fressfeinden spannen die Motten ihre farbenfrohen Hinterflügel auf und stoßen laute Töne aus.

PICASSO-SCHILDWANZE

Die dekorativen Muster auf seinem Rücken haben diesem Käfer den Namen Picasso-Schildwanze beschert: Angesichts der Farben und Zeichnungen fühlt sich so mancher an den spanischen Maler erinnert. Jeder mag in den Mustern sehen, was er will. Auf jeden Fall sind die leuchtenden Zeichnungen in Kontrastfarben, wie so häufig in der Insektenwelt, ein Warnsignal an mögliche Fressfeinde, dass ihr Träger giftig ist oder wenigstens abscheulich schmeckt.

Bei der Picasso-Schildwanze ist Letzteres der Fall. Unter Bedrohung stößt sie eine Flüssigkeit mit einem starken, ekelerregenden Geruch aus, den nur sehr verzweifelte, hartgesottene Jäger ignorieren können. Für die menschliche Nase riecht das Ganze eher süß – ein bisschen wie Birnenbonbons. Appetit macht der Geruch aber definitiv nicht. Die Absonderungen einiger Arten brennen, wie ich am eigenen Leibe erleben durfte, nachdem ich eine verwandte Art einmal mit bloßen Händen angefasst und danach meine Oberlippe berührt hatte. Es bildeten sich nach kürzester Zeit Blasen, und ich verbrachte die nächsten Minuten damit, meine Lippe mit Wasser zu spülen und mich für meine Dummheit zu verfluchen.

Die Picasso-Schildwanze ist in weiten Teilen südlich der Sahara heimisch. Da ihre chemische Verteidigung gut funktioniert, hockt sie häufig gut sichtbar in ihrer Wirtspflanze, was ihr noch weitere volkstümliche Bezeichnungen eingebracht hat, unter anderem Zulu Hud Bug und den Zulu-Namen iCikwa, der auf ihr farbenfrohes Erscheinungsbild Bezug nimmt.

Bei dieser und verwandten Arten setzt der Thorax sich in einer schildartigen Erweiterung fort, die schützend über Hinterleib und Flügeln liegt, so wie bei Käfern die Elytren. Mithilfe ihrer spitzen, strohhalmähnlichen Mundwerkzeugen ernähren sie sich von Pflanzensäften. Der Nährwert dieser Säfte ist gering, darum benötigen Insekten, die sich davon ernähren, die Unterstützung von symbiotischen Mikroorganismen. Bei den Picasso-Schildwanzen befinden sich diese nützlichen Mikroben in den Krypten, das sind kleine, sackähnliche Ausstülpungen des Darms. Dort verdauen sie die Pflanzensäfte und produzieren die wichtigsten Nährstoffe, die die Schildlaus benötigt. Ohne diese Mikroben kann das Insekt nicht überleben. Doch woher kommen sie überhaupt? In vielen Fällen werden die Mikroben von der Mutter an den Nachwuchs weitergegeben: Nach der Ablage überzieht sie die Eier mit mikrobenhaltigem Sekret, das die Larven dann beim Schlupf aufnehmen und so ihren eigenen Darm damit impfen.

Dieses Zusammenwirken von Darmmikroben und Tieren kommt recht häufig vor. Darum muss man jedes einzelne Tier als eigenständiges Ökosystem betrachten. Jede Tierart ist so viel mehr als die Summe seiner Gene. Es ist ein komplexes System, ein Zusammenspiel von Myriaden einzelliger Organismen mit einem vielzelligen Organismus, dessen umfassende Bedeutung wir gerade erst zu verstehen beginnen.

SPHAEROCORIS ANNULUS — AFRIKANISCHE TROPEN & SUBTROPEN

PROSOPLECTA — SÜDOSTASIEN

PROSOPLECTA

Das Verhältnis zwischen Mensch und Schabe ist belastet. Die meisten von uns finden Schaben widerlich; schon allein der umgangssprachliche Name einiger größerer Exemplare lässt viele schaudern: Kakerlaken. Werden in einem Restaurant ein oder zwei Expemplare gesichtet, reicht das, um seinen Ruf zu ruinieren. Erlebt man, wie Schaben scharenweise in ihre Verstecke huschen, wenn man das Licht in einem Hotelzimmer anmacht, stärkt das nicht gerade das Vertrauen in dessen Hygienestandards. Gleichzeitig aber pflegen wir die Legendenbildung rund um die kleinen Tierchen und entwickeln bizarre Theorien, die nur am Rande auf wissenschaftlichen Erkenntnissen beruhen, etwa, dass Schaben die einzigen Tiere sind, die ohne Kopf überleben oder eine nukleare Katastrophe überstehen können.

Doch so abscheulich wir sie finden – tatsächlich leben nicht mehr als 30 Schabenarten im Umfeld von Menschen und in unseren Unterkünften. Und nur einige von ihnen sind tatsächlich Schädlinge, die Lebensmittel ungenießbar machen und Krankheitserreger verbreiten. Kaum jemand weiß, dass es rund um den Globus etwa 4500 Schabenarten gibt, hauptsächlich in den Tropen. Bemerkenswerterweise hat man im Rahmen von DNA-Analysen zur Feststellung evolutionärer Verwandtschaft herausgefunden, dass Termiten extrem spezialisierte, staatenbildende Schaben sind. Aus ökologischer Sicht sind Schaben sehr wichtig. Normalerweise leben sie am Boden, den sie ständig nach Essbarem absuchen. Sie recyceln organisches Material und versorgen den Boden mit Energie und Nährstoffen.

Unter Schaben lässt sich bemerkenswerte Schönheit beobachten, besonders bei den tropischen Arten. Die abgebildete Art und ihre Anverwandten bedienen sich der Warnfarben verschiedener Käfer. Im vorliegenden Fall sieht die Schabe fast aus wie ein Marienkäfer, der mittels schwarzer Punkte auf orangem Grund deutlich macht, dass er giftig ist – wohl eines der bekanntesten Beispiele für den Einsatz von Warnfarben. Wird er von einem ahnungslosen Fressfeind, etwa einem Vogel oder einem Säugetier, angegriffen, sondert der Marienkäfer aus seinen Beingelenken ein farbiges Sekret ab und erteilt dem hungrigen Jäger damit eine anständige Lehre, denn das Sekret enthält reichlich giftige Alkaloide und faulig riechende Bestandteile. Jedes Tier, das versucht, einen Marienkäfer zu verspeisen, wird das so schnell nicht vergessen und die auffälligen Warnfarben werden ihm auf ewig in Erinnerung bleiben.

Die beschriebene Schabe verfügt ebenfalls über eine chemische Verteidigung, doch statt ein vollkommen anderes Warnmuster zu entwickeln und zu etablieren, war es für die natürliche Selektion günstiger, dass die Warnfarben in der Umwelt schon präsent und bekannt waren. Je mehr Insekten die Warnsignale tragen, desto höher ist die Wahrscheinlichkeit, dass Fressfeinde sie erkennen und sich fernhalten, sodass sie immer wirksamer werden und sich weiter verbreiten.

PACHYRHYNCHUS

Warum dieser Rüsselkäfer auf Englisch Easter Egg Weevil („Osterei-Rüsselkäfer“) heißt, erklärt sich wohl von selbst. Diese Art und ihre Verwandten der Gattung *Pachyrhynchus* sind mit ihren glänzenden Mustern in allen Farben des Regenbogens wahre Meisterwerke der Natur. Wie der *Morpho cypris* (siehe Seite 14) und andere Insekten in irisierenden Farben verdanken auch diese Rüsselkäfer ihre Färbung den sogenannte Strukturfarben. Die Muster auf ihren Körpern entstehen aus kleinen Schuppen, deren mikroskopisch dünne Schichten bestimmte Wellenlängen des Lichts einfangen, verstärken und reflektieren, sodass sie sich je nach Blickwinkel verändern. Die auffälligen Farbmuster dieser Rüsselkäfer geben Fressfeinden zu verstehen, dass sie wirklich ungenießbar sind.

Die Rüsselkäfer machen nur einen Bruchteil von Südostasiens überbordender Insektenwelt aus, sind dort aber überall heimisch. Angesichts ihrer Größe und Flugunfähigkeit ist es durchaus rätselhaft, wie sie sich auf den südostasiatischen Inseln ansiedeln konnten. Da die erwachsenen Insekten in einem Hohlraum unter ihren verbundenen Elytren Luft speichern, vermutete man eine Zeitlang, dass sie, Wind und Strömungen ausgeliefert, eine Zeitlang auf hoher See überleben können, um dann irgendwann auf einer fernen Insel an Land gespült zu werden. Doch tatsächlich können die adulten Insekten im Salzwasser nur einige Stunden überleben. Es muss also noch einen anderen Weg geben. Die Eier und Larven sind widerstandsfähiger.

Die erwachsenen Käfer legen ihre Eier in mehreren Portionen auf verschiedenen Pflanzen ab. Es kann passieren, dass diese Pflanzen bei Stürmen und Erdrutschen einzeln oder als Teil ganzer Pflanzenteppiche ins Meer gespült werden. Durch das Gewebe ihrer Wirtspflanzen geschützt, können die Rüsselkäferlarven einige Tage auf See überleben. Dies erklärt besser, aber nicht ganz zufriedenstellend, wie sie die Distanzen zwischen den Inseln überwinden konnten. Eine andere Möglichkeit besteht darin, dass in Früchten abgelegte Rüsselkäfereier in den Bäuchen von fruchtfressenden (frugivoren) Vögeln und dann im Kot dieser Vögel auf den Inseln landeten. Zur Überprüfung dieser reizvollen Theorie führten neugierige Forschende eine Reihe von Versuchen durch: Sie steckten einige Rüsselkäferlarven in Früchte, fütterten damit Vögel verschiedener Arten und warteten darauf, was am anderen Ende wieder herauskommen würde. Während die Eier die wilde Reise durch den Verdauungstrakt von zwei Drosselarten und einer Bülbülart überlebten, wurden sie von einer früchtefressenden Taubenart verdaut. Merke: Es wäre also möglich, dass Rüsselkäfereier weite Entfernungen im Verdauungstrakt von frugivoren Vögeln überwinden, doch dies gilt es noch in freier Wildbahn nachzuweisen.

PACHYRHYNCHUS — SÜDOSTASIEN

FORMVOLLENDET

NEMOPTERIDAE — WELTVERBREITET

FADENHAFTE

Es ist noch nicht lange her, da waren internationale Reisen den Reichen und Mächtigen, den Vertriebenen und dem Militär vorbehalten. Vor etwa 200 Jahren traten mit dem französischen Maler und Naturkundler Jean Louis Florent Polydore Roux und dem österreichischen Diplomaten, Botaniker und Forschungsreisenden Carl von Hügel zwei Vertreter der erstgenannten Gruppe eine Reise von Ägypten nach Mumbai an. Roux äußerte sich in seinen Notizen über seine Zeit in Ägypten mit keinem Wort über den Mangel an Insekten, doch als er in den Grabkammern rund um die Pyramiden herumstromerte – vermutlich auf der Suche nach irgendwelchen Schätzen –, entdeckte er im Sand etwas derart Interessantes, dass er es beschrieb: „Ich stieß auf ein kleines Tier von ganz und gar außergewöhnlicher, einzigartiger Gestalt … Ich freue mich, Ihnen eine Zeichnung davon zu schicken." Man kann seine Aufregung beinahe spüren. Er tauft das Tier *Necrophylus arenarius*, was übersetzt in etwa bedeutet: „im Sand lebender Aasliebhaber".

Was Roux gefunden und so liebevoll skizziert hatte, war in der Tat einzigartig. Es handelt sich um die Larve einer Fadenhaften, eine der eigenwilligsten Insektenlarven überhaupt. Solch eine Larve hat die Kontur einer Gitarre – der dreieckige Kopf mit den sichelartigen Mundwerkzeugen ist durch einen unglaublich langen, dünnen Hals mit dem weichen, plumpen Körper verbunden. Adulte Fadenhafte sehen nicht minder spektakulär aus: Ihre häufig attraktiv gezeichneten Hinterflügel sind extrem lang, und ihre Mundwerkzeuge bilden einen langen Rüssel, mit dem sie Pollen aufnehmen. Sie sind in halbtrockenen und trockenen Regionen der Erde zu Hause, doch wenigstens die Hälfte der bekannten Arten findet man ausschließlich in Südafrika. Obwohl die Fadenhaften seit beinahe 150 Millionen Jahren auf dem Globus existieren, sind sie eher wenig verbreitet, und die erwachsenen Tiere haben nur eine kurze Lebensspanne.

Die Larven einiger Arten – wie etwa die von Roux entdeckte – sind spezialisiert auf kleine Höhlen, Felsüberhänge und leerstehende Gebäude. Sie haben buchstäblich den Hals lang gemacht, um ihre Technik des hinterhältigen Überfalls zu perfektionieren. Rückwärts im Sand eingegraben, verstecken sie sich, bis ihre Beute in Reichweite ihrer nadelähnlichen Mundwerkzeuge kommt, um ihrem Opfer Gifte und Verdauungsenzyme zu injizieren. Außerdem schützt der Hals ihren empfindlichen Körper im Überlebenskampf der Beute, und ermöglicht es den Larven, sichere Schlupflöcher zu finden, ohne dass sie eigenen Artgenossen zum Opfer fallen. Die Larven anderer Arten, die einen kürzeren Hals haben, leben tiefer im Boden und stürzen sich wahllos auf alles, was daherkommt. Das passiert aber vermutlich nicht allzu oft. In Gefangenschaft gehaltene Larven können bis zu sieben Jahre ohne Nahrung aushalten.

Fadenhafte sind keine Flugkünstler, und obwohl ihre langen, eleganten Hinterflügel vermutlich ihre Gleitfähigkeit verbessern, dienen sie wohl in erster Linie der Verteidigung gegen Fressfeinde, denn sie lenken die Aufmerksamkeit von Vögeln auf sich. Werden sie von Vögeln tatsächlich erwischt, picken diese wahrscheinlich eher an den entbehrlichen Hinterflügeln als an den überlebenswichtigen Körperteilen. Bei manchen Arten befinden sich auf den Flügeln der männlichen Insekten Strukturen, die möglicherweise Pheromone abgeben, doch viele biologische Aspekte dieser unverwechselbaren Insekten sind bis heute ein Rätsel.

COPROPHANAEUS LANCIFER

Ich befinde mich im peruanischen Dschungel, das Tageslicht schwindet langsam. Scheinbar aus dem Nichts rast ein metallisch blaues, golfballgroßes Objekt auf mich zu. Allein das unverwechselbare Surren von Insektenflügeln lässt ahnen, um was es sich grob handelt.

Das war meine erste Begegnung mit dem Mistkäfer *Coprophanaeus lancifer*, einem wahrhaft fantastischen Insekt. Die adulten Tiere sind täglich nur wenige Stunden unterwegs, von etwa vier Uhr am Nachmittag bis zum Einbruch der Dunkelheit. Bei ihrem rasanten Flug navigieren sie im schwülen Urwaldklima zielsicher und geschickt durch das Unterholz. Zu einer anderen Gelegenheit durfte ich begeistert beobachten, wie sie sich einer übel riechenden Köderfalle näherten und sie mit mathematischer Präzision umkreisten, um abzuwägen, ob sie dort landen sollten oder nicht.

Sie gehören zu den größten Mistkäfern, und ihren Anblick vergisst man nicht so leicht. Ihr Körper ist kompakt, und die männlichen Tiere tragen ein Horn auf dem Kopf, das sie im Kampf mit anderen Männchen einsetzen. Die breiten Ansätze ihrer Gliedmaßen am Körper lassen viel Raum für kräftige Muskeln. Nimmt man ein Exemplar in die Hand, kämpft es sich dort heraus, doch normalerweise nutzt der Käfer seine erstaunliche Kraft, um tiefe Tunnel und Brutkammern zu graben.

Anders als beinahe alle seine Verwandten hat dieser Käfer dem Mist zugunsten einer anderen Nahrungsquelle entsagt, nämlich Aas. Haucht irgendwo in der Amazonasregion ein großes Tier sein Leben aus, gehören die spektakulären Käfer zu den ersten Aasverwertern vor Ort. Über welche Entfernungen sie die ersten fauligen Gerüche des Todes wahrnehmen können, ist nicht bekannt, doch einige Kilometer sind es gewiss. Sieht man sie durch den Wald sausen, sind sie ganz bestimmt auf dem Weg zu einem toten Körper. Sie müssen schnell sein, denn Aas vergammelt in der heißen, feuchten Luft schnell, außerdem beanspruchen die verschiedensten Kreaturen ihr Stück vom Kuchen.

Ein großer Kadaver reicht für sehr viele Käfer. Bei der Ankunft paaren Männchen und Weibchen sich zunächst, dann geht es ans Fressen. Die Mistkäfer benutzen ihren Kopf als Säge, um Fleischstückchen aus dem Kadaver zu hacken und tiefe Tunnel als Brutkammern anzulegen, in die sie dann die Fleischbrocken schleppen. Das Weibchen legt seine Eier in diese Brutkammern, und die Larven ernähren sich von dem Aas.

Sieht man sie durch den Wald sausen, sind sie auf dem Weg zu einem toten Körper.

Alle anderen Mistkäfer machen es genauso: Sie lagern Nahrung (allerdings kein Aas) für ihren Nachwuchs in unterirdischen Brutkammern. Bis auf einige andere seltsame Arten, die sich von Tausendfüßern und Blattschneiderameisenköniginnen ernähren, ist das Nahrungsmittel ihrer Wahl Kot. Und genau das macht sie aus ökologischer Sicht so wichtig – sie gehören zu den besten Recyclern tierischer Hinterlassenschaften. In landwirtschaftlichen Systemen, in denen sie noch nicht Insektiziden zum Opfer gefallen sind, leisten Mistkäfer wichtige Dienste: Sie lassen nicht nur den Mist verschwinden und halten Schädlinge fern, sondern verbessern mit ihren Tunneln auch die Bodenstruktur und dämmen die Erosion ein. Außerdem sind sie Nahrungsquelle für viele andere Tiere und erhöhen die Artenvielfalt. Allein in Großbritannien geht man davon aus, dass diese „Dienstleistungen" in der Viehzucht Einsparungen von rund 439 Millionen Euro jährlich entspricht.

In der Antike wurden Mistkäfer verehrt. Der Heilige Pillendreher *(Scarabaeus sacer)* war im alten Ägyptern weit verbreitet, und es gibt aus dieser Zeit datierende Aufzeichnungen über Ausschnitte aus seinem Lebenszyklus und seine Tätigkeit als Mistroller. Diese Beobachtungen waren Inspiration für Elemente der ägyptischen Mythologie. Für die alten Ägypter wurde die Sonne jeden Tag neu geboren oder aus dem Nichts erschaffen und von einem riesigen Mistkäfer – ihrem Gott Chepre – über das Firmament gerollt. Chepre war der Gott der aufgehenden beziehungsweise der Morgensonne, der Schöpfung und der Erneuerung des Lebens.

Die Ägypter kannten nur Ausschnitte aus dem Lebenszyklus der Käfer. Sie erlebten, wie sie förmlich aus dem Nichts auftauchten, und nahmen an, dass sie aus dem Nichts erschaffen wurden oder, noch seltsamer, dass die Männchen sich selbst reproduzieren konnten, indem sie ihr Sperma in eine Kugel Mist spritzen.

Mistkäfer rollen faktisch vielleicht nicht die Sonne über den Himmel, doch sie orientieren sich an der Position von Sonne, Mond und Milchstraße, um beim Drehen ihrer Mistkugeln nicht vom Weg abzukommen.

COPROPHANAEUS LANCIFER

Die golfballgroßen Mistkäfer rasen durch den Regenwald und folgen dem „verlocken-den" Geruch von Aas, von dem sie sich ernähren.

STREPSIPTERA — WEIT VERBREITET

FÄCHERFLÜGLER

Wer wegen ihres kurzen Lebens je Mitleid mit den Eintagsfliegen hatte, sollte kurz der männlichen Fächerflügler gedenken, gegenüber denen Eintagsfliegen ein nahezu biblisches Alter erreichen. Die Männchen sind vollkommen machtlos gegenüber ihrem frühen Tod, denn sie haben keine funktionierenden Mundwerkzeuge und können also nicht fressen.

In wenigen Stunden müssen sie darum ihren Teil zu einem der bemerkenswertesten Lebenszyklen der Insektenwelt beitragen. Mit ihren breiten, fächerförmig gefalteten Flügeln, denen sie ihren Namen verdanken, heben sie zu einem Wettlauf gegen die Zeit ab, um ein Weibchen zu finden. Glücklicherweise reagieren ihre langen, geweihähnlichen Fühler sensibel auf die Pheromone, die die Weibchen verströmen. Schon ein paar Moleküle reichen aus, um das Männchen zu erregen. Allerdings kann das Weibchen die Pheromone nicht einfach in die Luft abgeben und darauf warten, dass ein Männchen angeflogen kommt, denn weibliche Fächerflügler sind Parasiten, die ihr ganzes Leben im Körper eines Wirts verbringen: etwa einer Biene oder einer Wespe, wobei sie auch in vielen anderen Tieren als Parasiten leben können. Als blinder Passagier geht das Weibchen hin, wo der Wirt hingeht, was die Angelegenheit für ihre Verehrer, die sich in einem Wettlauf gegen die Zeit befinden, noch komplizierter macht.

Das Männchen folgt der Spur der Moleküle, und wenn er ein Weibchen geortet hat, hängt er sich mit festen Griff an das weibliche Tier, durchbohrt dessen Kopf und damit den einzigen Körperteil, der aus dem Wirt hervorschaut, und injiziert sein Sperma durch diesen Zugang direkt in dessen Körperhöhle. Diese überaus brutale Form der Fortpflanzung wird zu Recht auch als traumatische Insemination (Befruchtung) bezeichnet und von vielen Insekten praktiziert, unter anderem von Bettwanzen.

Der restliche Körper des weiblichen Tieres beansprucht fast den gesamten Hinterleib des Wirts und schiebt dessen Fortpflanzungsorgane auf eine Seite, was interessante Folgen für den Wirt hat, denn Männchen können wie Weibchen aussehen und umgekehrt. Im Körper des geschlechtsverwirrten Wirts entwickeln sich die nun befruchteten Fächerflüglereier zu winzigen, sehr aktiven Larven, die als *Planidia* bekannt sind und sich in der Körperhöhle ihrer Mutter bewegen wie in einem Planschbecken, um irgendwann über den Brutkanal in deren Kopf ins Freie zu gelangen.

Dann haben die Larven nur eine Aufgabe – sie müssen einen Wirt finden, und zwar schnell. Fächerflügler sind immer unter Zeitdruck. Wer keinen Wirt hat, stirbt, sobald die Energiereserven verbraucht sind. Bei den Arten, deren Wirte Bienen und Wespen sind, treiben sich die Larven auf oder in der Nähe von Blumen herum und versuchen, sich mithilfe der bürstenartigen Fortsätze an ihrem Hinterleib auf einen Wirt zu katapultieren, um dann mit ihm in sein Nest zu gelangen. Einmal im Nest, suchen die kleinen Fächerflügler die Bienen-/Wespenlarven, um sich in deren Körpern parasitär weiterzuentwickeln. Die Wirte wachsen heran und verpuppen sich, dabei werden ihre inneren Organe wegen der ebenfalls heranwachsenden blinden Passagiere zusammengedrückt. Nur die männlichen Fächerflügler verlassen als adulte Insekten den Wirt und fliegen davon, und so beginnt der bizarre Lebenszyklus von Neuem. Manch einem mag es grausam erscheinen; ich finde es faszinierend, und es zeigt, wie unterschiedlich das Leben von Insekten verlaufen kann.

RHAMPHOMYIA LONGICAUDA

Bei den meisten Tierarten sind für die Fortpflanzung ein Weibchen und ein Männchen notwendig, außerdem die von deren Geschlechtsorganen produzierten Keimzellen. Im Allgemeinen produzieren die Männchen viele aus biologischer Sicht einfache Keimzellen (Sperma), die sie im Überfluss verteilen. Die Weibchen hingegen produzieren weniger und dafür große Keimzellen (Eier), deren Bildung deutlich aufwendiger ist als die von Spermien. Diese Ungleichheit ist die Grundlage für die wundervolle, häufig erstaunliche Vielfalt an Balzritualen, die wir in der Tierwelt und im normalerweise testosterongesteuerten Verhalten der Männchen erleben – von den unfassbar lauten Balzgesängen der Ruderwanze *Micronecta scholtzi*, für die das Insekt seinen Penis an der Hinterleibskante reibt, bis zum spektakulären Gefieder männlicher Pfauen. All das dient dazu, die Damenwelt zu beeindrucken. Die Weibchen investieren beträchtliche Ressourcen in die Produktion ihrer Eier, ebenso in die Aufzucht und Pflege des Nachwuchses. Daher lohnt es sich für sie durchaus, wählerisch zu sein und einen Gefährten zu wählen, der möglichst perfekt ist und gut passt. Attraktivität ist – nicht nur im Tierreich – ein Versprechen auf reproduktive Fitness.

Nur bei wenigen Arten sind die Rollen vertauscht, und die Weibchen buhlen um die Männchen. Ein besonders fesselndes Beispiel ist in dieser Hinsicht *Rhamphomyia longicauda*. Weil die Weibchen nicht selbst auf Futterjagd gehen können, sind sie abhängig von der Beute – quasi den Hochzeitsgeschenken – der Männchen. Diese Abhängigkeit bedeutet, dass die Weibchen die Männchen irgendwie beeindrucken müssen. Das schaffen sie, indem sie ihren Hinterleib so groß wie möglich erscheinen lassen: Sie saugen Luft ein, um ihn aufzupumpen, und blähen ihn dann auf. Weiterhin betonen sie die Breite des Hinterleibs, indem sie ihre gefiederten Beine dagegenpressen. Merke: Ein größerer Hinterleib kann mehr Eier produzieren, und die Männchen sind interessiert an der Fähigkeit, ihr Fortpflanzungspotenzial zu maximieren.

Die Weibchen dieser Fliegenart konkurrieren miteinander und fliegen in engen Balzformationen (Lek genannt) umher. Zwischen zehn und 100 Weibchen finden sich rund zehn Minuten vor Sonnenuntergang und Sonnenaufgang zusammen und bleiben hier etwa 40 Minuten. Die Männchen strömen herbei, um die Vorzüge der Weibchen zu beurteilen, und fliegen so lange durch die Gruppe, bis sie sich für eine Gefährtin entschieden haben. Die Weibchen ringen untereinander um eine gute Position im Lek. Dabei besetzen die größeren Exemplare die unteren Positionen, wo die Chancen, von einem Männchen ausgewählt zu werden, größer sind.

Hat das Männchen seine Wahl getroffen, fliegt es von unten bis auf ein oder zwei Zentimeter an die Glückliche heran. Das ist ihr Zeichen: Sie entfernt sich aus dem Lek, und die beiden fliegen für ein Schäferstündchen davon. Derweil kommt das Weibchen schier um vor Hunger. Das Aufblasen des Hinterleibs und die Fliegerei waren enorm anstrengend, und es möchte nichts lieber tun, als seinen Rüssel in die Beute zu versenken, die das Männchen bei sich hat – normalerweise eine kleine Fliege. Er übergibt ihr die Beute, und der Pakt ist besiegelt. Die beiden paaren sich im Flug, und das eigentliche Ziel der Balzzeremonie ist endlich erreicht.

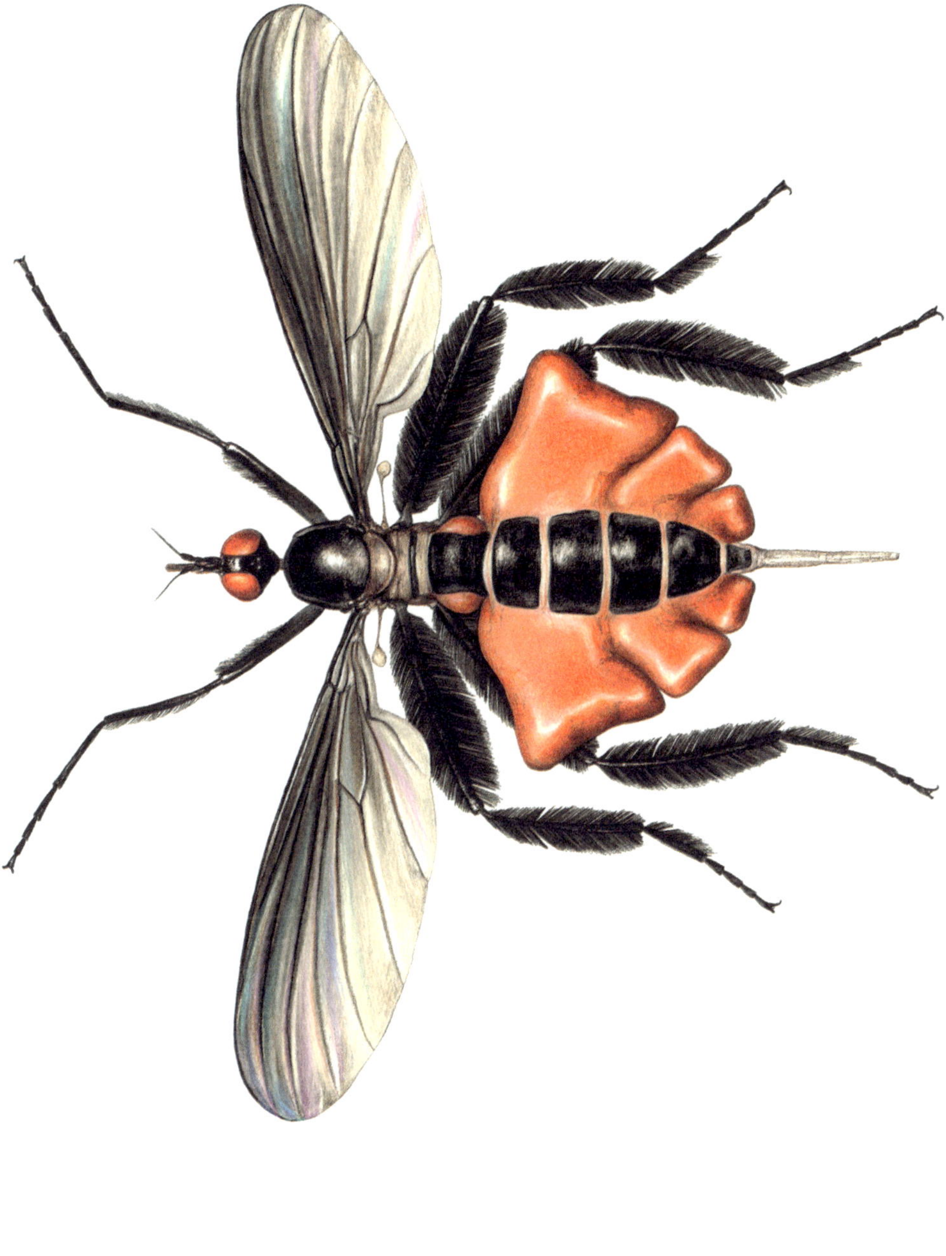

RHAMPHOMYIA LONGICAUDA — NORDAMERIKANISCHER OSTEN

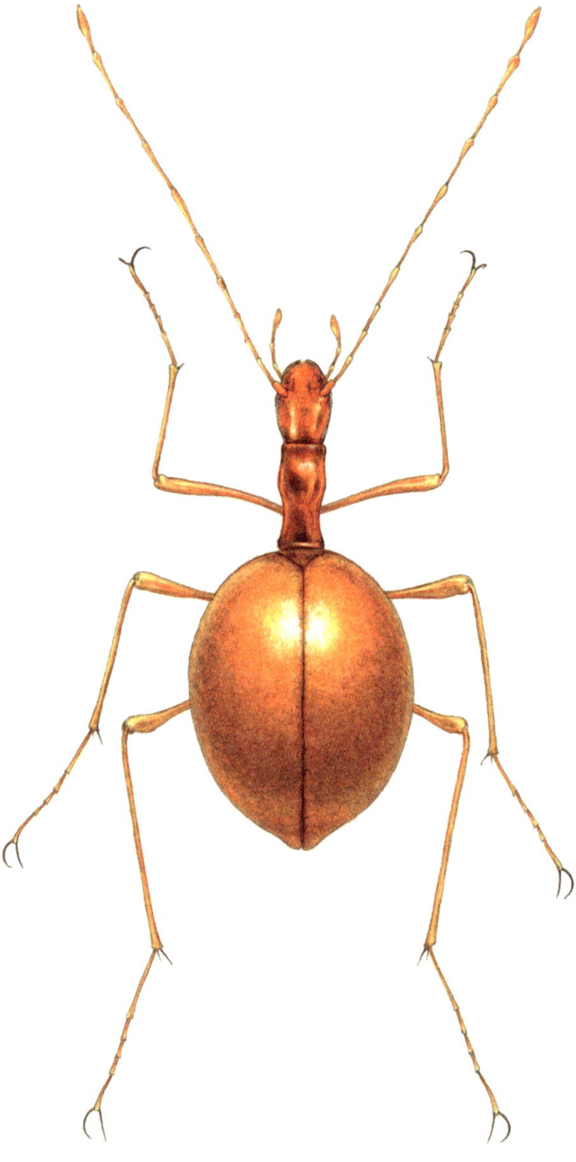

LEPTODIRUS HOCHENWARTII — SLOWENIEN, KROATIEN & ITALIEN

HÖHLENKÄFER

Evolution. Diesen Begriff haben die meisten wohl schon einmal gehört und auch benutzt, dennoch fällt es vielen schwer zu beschreiben, was er genau bedeutet. Normalerweise begreift man Evolution als einen zielgerichteten, geradlinig verlaufenden Prozess, bei dem einfache Formen sich zu immer spezielleren Strukturen entwickeln. Wie so häufig, ist die Realität noch viel spannender. Evolution kennt kein Ziel und keine Richtung, und bei der Anpassung an eine bestimmte Lebensweise oder eine Umgebung kann ein Organismus viele, manchmal sogar alle seiner komplexen Merkmale verlieren. Besonders anschauliche Beispiele dafür kann man in Höhlen beobachten.

Der hier abgebildete Käfer *(Leptodirus hochenwartii)* war 1831 eine frühe, Höhlenpopulationen betreffende Entdeckung des offensichtlich scharfsichtigen und neugierigen Höhlenführers Luka Čeč in Slowenien. Das Insekt ist gänzlich auf ein Leben in Höhlen eingestellt und verfügt über eine Reihe bemerkenswerter Anpassungen an kühle Luft und Dunkelheit an Orten, wo Nahrung unglaublich knapp ist. Seine Gliedmaßen sind lang und dünn, wie es unter in Höhlen lebenden Insekten und Spinnen weit verbreitet ist. Mit diesen fadendünnen Beinen kann der Käfer jeden Hinweis auf genießbare Snacks wahrnehmen. Anders als seine über der Erde lebenden Vorfahren hat er weder Flügel, Augen noch Pigmente – diese sind im Dämmerlicht nach und nach verloren gegangen, und das Insekt hat sich dem Leben im Untergrund immer mehr angepasst. Pigmente sind in der Dunkelheit schlicht nutzlos, da es kein UV-Licht gibt, vor dem man sich schützen müsste. Auch Augen sind für ein Leben in Finsternis überflüssig, darum sind auch sie verschwunden. Es mag befremdlich erscheinen, dass ein so komplexes Organ wie ein Auge im Laufe der Generationen verkümmern kann, doch wenn es nie gebraucht wird, passiert genau das. Gleiches gilt für die Flügel und die Fähigkeit zu fliegen – im Untergrund zu gefährlich, wenn man nicht über Echoortung verfügt, außerdem sind nicht genug Kalorien verfügbar, um kräftige Flugmuskeln zu nähren.

Die seltsamen runden Deckflügel sind ebenfalls eine interessante Anpassung an die Umgebung. Sie bilden eine Kuppel, in der die feuchte Luft gespeichert werden kann, die der Käfer zum Atmen braucht, besonders, wenn er sich zeitweise in trockeneren Höhlenbereichen aufhält. Die Käfer besitzen außerdem ein spezielles Organ an den Fühlern, mit dem sie die Luftfeuchtigkeit messen können, um sich bei der Nahrungssuche nicht zu weit aus ihrer Komfortzone zu bewegen. Was ihre Ernährung angeht, können sie es sich nicht leisten, wählerisch zu sein. Sie knabbern alles an organischem Material, was sie finden können: in die Höhle geschwemmte Abfälle, außerdem Fledermaus- und Vogelkot. Stoßen sie auf den Kadaver eines kleinen Tieres, ist das ein Grund zu feiern – wenn sie denn feiern könnten und nicht so ausgehungert wären. Kurioserweise währt ihr entbehrungsreiches Leben vermutlich sehr lang. Wie lang genau, weiß man nicht, doch wenn man sich an anderen Troglobionten (Tiere, die ausschließlich in Höhen leben) orientiert, könnten es mehrere Jahre sein – deutlich länger als irgendeine verwandte Insektenart an der Oberfläche.

MEERWASSERLÄUFER

In den guten alten Zeiten der Entdeckungsreisen war eine Expedition ohne Naturforscher nicht vollständig. Häufig übernahm dieser auch noch die Rolle des Arztes. So war es auch bei der russischen Rurik-Expedition, die 1815 in St. Petersburg startete und der Entdeckung und Erkundung der Nordwestpassage dienen sollte. Während der Expedition sammelte der Schiffsarzt und Naturforscher Johann Friedrich von Eschscholtz zahlreiche Naturobjekte und notierte seine Beobachtungen. Er entdeckte unter anderem kleine, sehr merkwürdigte Insekten, die er *Halobates* nannte. Heute werden sie als Meerwasserläufer bezeichnet, denn sie sind eng verwandt mit den Wasserläufern, wie man sie an Teichen, Seen und ruhigen Flussbereichen beobachten kann.

Heute sind 40 Meerwasserläuferarten in allen tropischen und subtropischen Meeren bekannt. Die meisten Arten leben in Küstennähe, doch fünf sind auf dem offenen Meer heimisch – man findet sie häufig mehrere Hundert Kilometer vom nächsten Festland entfernt. Das ist für Insekten sehr ungewöhnlich: Von mehr als einer Million Arten leben nur diese fünf Meerwasserläuferarten ausschließlich auf dem Wasser und kommen nie an Land. Warum gibt es keine anderen Meeresinsekten? Aus evolutionärer Sicht sind Insekten terrestrische Krebstiere, die von einem Meerestier abstammen, das vor rund 500 Millionen Jahren lebte. Im Meer war seinerzeit eine Menge los, was die Ur-Insekten dazu bewog, an Land zu gehen und Süßwasser und Luft als Lebensraum zu erobern. Heute ist im Meer noch immer viel los, und es gibt nur wenige – oder gar keine – Nischen, die von insektengroßen Tieren besetzt werden könnten. Meerwasserläufer leben am Übergang zwischen Luft und Wasser und sind so weit zu ihren Wurzeln zurückgekehrt wie sonst kein Insekt.

Um unter diesen extremen Bedingungen überleben zu können, haben Meerwasserläufer einige einzigartige Anpassungen erlebt. Sie sind extrem wasserfest und verbringen einen Großteil ihres Lebens damit, sich zu „pflegen" und mit ihren dürren Beinen wachsartige Sekrete über ihren Körper zu verteilen. Die Sekrete legen sich über eine dünne, dichte Schicht pilzförmiger Haare, die den gesamten Körper bedecken. Mit diesen eingewachsten Haaren sind die Meerwasserläufer tatsächlich absolut wasserfest. Die eingeschlossenen Luftkämmerchen zwischen den Haaren sorgen dafür, dass sie nicht untergehen, und ermöglicht es ihnen, unter Wasser zu atmen, wenn sie bei rauer See oder wegen einer Attacke eines Fressfeindes versehentlich untergehen. Kein Wunder also, dass die Struktur dieser Haare und die Zusammensetzung der Sekrete von Bedeutung für die Entwicklung wasserabweisender und reibungsarmer Überzüge und Ummantelungen zum menschlichen Gebrauch und Nutzen sind.

Meerwasserläufer sind klein, flugunfähig und können nur auf der Meeresoberfläche leben. Dort sind sie einer beträchtlichen Menge UV- und Infrarotstrahlung ausgesetzt, die wohl kein anderes Tier aushalten würde. Geschützt werden sie entweder durch die Beschaffenheit ihres Außenskeletts oder die wachsähnlichen Sekrete, deren genaue Eigenschaften noch nicht erforscht sind. Damit gibt es noch reichlich Phänomene, die für die Biontik von Interesse sind.

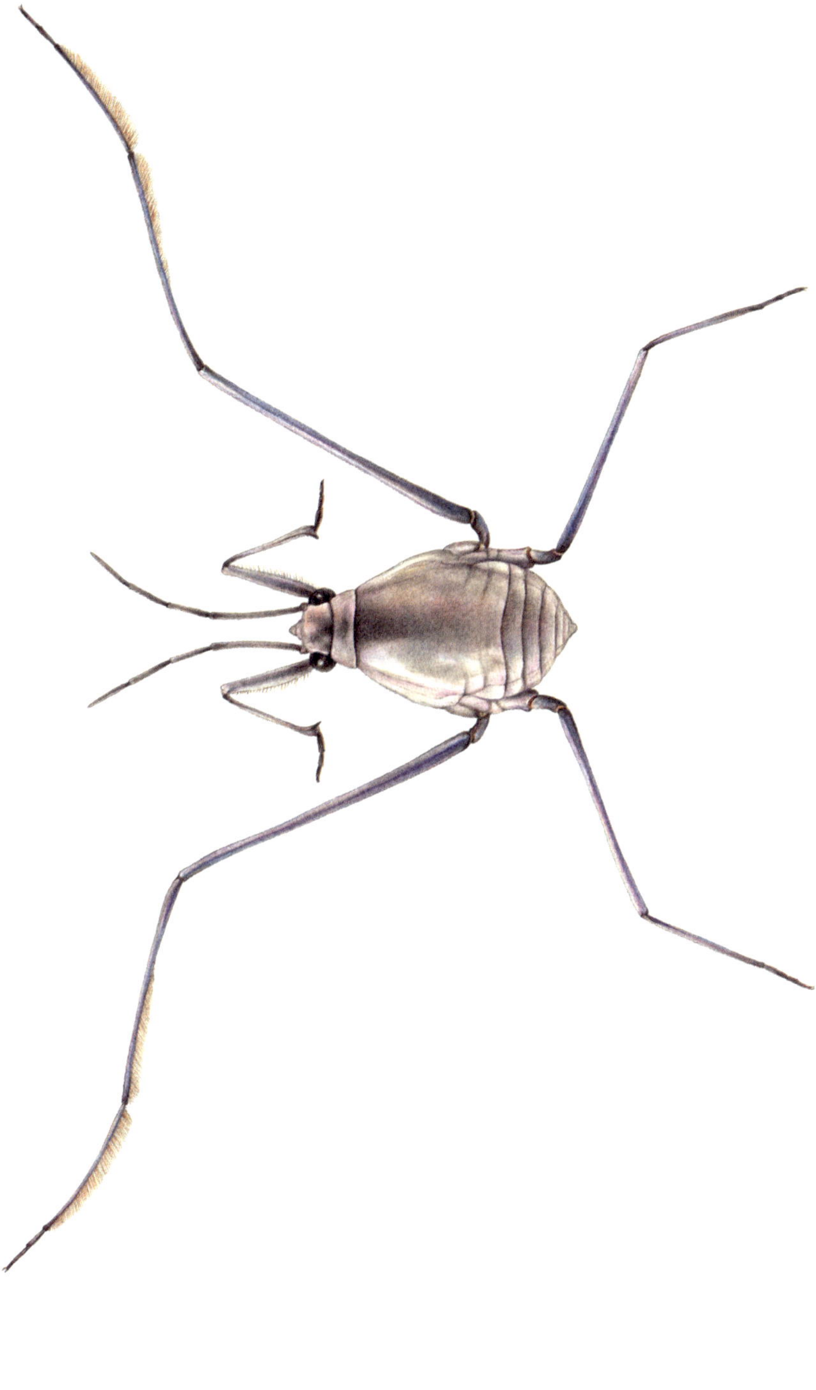

HALOBATES — WEIT VERBREITET

ACTIAS

Wenn Motten entrüstet sein könnten, würden sie vermutlich vor Wut beben, weil sie immer als hässliche, etwas unheimliche Vertreter der Schmetterlingswelt verunglimpft werden. Dabei gibt es nicht nur jede Menge farbenfrohe Motten; sie sind dazu auch noch deutlich vielgestaltiger als Schmetterlinge. Dabei sind Schmetterlinge einfach Motten, die bei Tag unterwegs sind, und zwar erst seit rund 98 Millionen Jahren.

Actias sind ein wunderbares Beispiel dafür, wie attraktiv Motten sein können – mit großen, eleganten Flügeln, die in lange „Schwänze" übergehen, die man für ein reines Dekoelement halten könnte. Dabei ist der eigentliche Zweck der Flügel viel interessanter. Die meisten Motten sind nachtaktiv – zum Glück für alle, die sie nicht besonders mögen, und zur Freude von Fledermäusen, ihren wichtigsten Fressfeinden. Fledermäuse haben sich deutlich später als Motten entwickelt, und möglicherweise war es die Aussicht auf ein nächtliches Festmahl aus geflügelten Proteinen, die die Evolution der wendigen, insektenfressenden und baumbewohnenden Säugetiere befeuerte.

Die Notwendigkeit, zu fressen und nicht gefressen zu werden, hat zu einem bemerkenswerten evolutionären Wettrüsten insbesondere zwischen Motten und Fledermäusen geführt. Zum einen führte die Jagd auf flugfähige Speisen dazu, dass Fledermäuse – als einzige Säugetiere – das Fliegen lernten. Und wer nächtens die Verfolgung rasant schnell fliegender Beute aufnimmt, braucht scharfe Sinne. Ein Problem, das die Fledermäuse mit ihrem Echoortungssystem gelöst haben, das ihnen das Sehen mithilfe von Geräuschen statt mit Licht ermöglicht.

Die Motten mussten sich ihrerseits an diese Bedrohungen anpassen und Gegenmaßnahmen entwickeln, um den neuen, furchteinflößenden Jägern immer einen Schritt voraus zu sein. Motten hatten zwar schon Ohren, bevor die Fledermäuse auftauchten, doch mit deren Weiterentwicklung und der Verfeinerung ihres Echoortungssystems war es wichtig, dass sie deren charakteristische, hohe Frequenzen hören konnten, insbesondere jene, die anzeigen, dass eine Fledermaus im Anflug ist. Und dazu sind Motten in der Lage, sodass sie Ausweichmanöver einleiten können, indem sie sich zum Beispiel vom Himmel fallen lassen oder im Blattwerk eines Baumes verschwinden, bevor die Fledermaus zuschlagen kann. Manche Motten können sogar selbst hochfrequente Töne produzieren, um den Fledermäusen zu signalisieren, dass sie giftig sind. Und es gibt Motten, deren Geräusche die Ortungsrufe der Fledermäuse stören und die Tiere damit verwirren – so hat die Motte eine Chance zu entkommen. Andere Motten wiederum stoßen eine Art Staubwolke in die Luft ab, die die Klickgeräusche der Fledermäuse reflektiert und damit „die Sicht" behindert. Nach diesem Prinzip funktioniert auch die Radarabwehr von Flugzeugen durch das Abstoßen sogenannter Düppel(streifen), die feindliche Radargeräte stören. Es ist also durchaus berechtigt, die militärische Metapher des „evolutionären Wettrüstens" zu bemühen.

Die Notwendigkeit, zu fressen und nicht gefressen zu werden, hat zu einem bemerkenswerten evolutionären Wettrüsten geführt.

Die langen Flügelschwänze der *Actias*-Motten reflektieren Geräusche so gut, dass die Fledermaus getäuscht wird, und statt sich über den vorderen Teil der Motte herzumachen, wo die fetten Leckerbissen warten, stürzt sie sich auf die mageren Schwänze, die leicht abbrechen. So entkommt die Motte mehr oder weniger unverletzt in die dunkle Nacht, und die Fledermaus bleibt verwirrt zurück. Und noch eine Strategie: Die Schuppen auf den Flügeln mancher Motten absorbieren die Ortungsrufe der Fledermäuse und fungieren damit gewissermaßen als Tarnkappe. Wenn es uns gelingt, die Strukturen dieser Schuppen zu entschlüsseln, kann uns das zu neuen, geräuschabsorbierenden Materialien verhelfen, die gewiss vielseitig Anwendung finden.

ACTIAS

Die eleganten Schwänze dieser Motte dienen der Ablenkung, denn sie reflektieren die Ortungsrufe von Fledermäusen und lenken deren Aufmerksamkeit vom Körper der Motte ab.

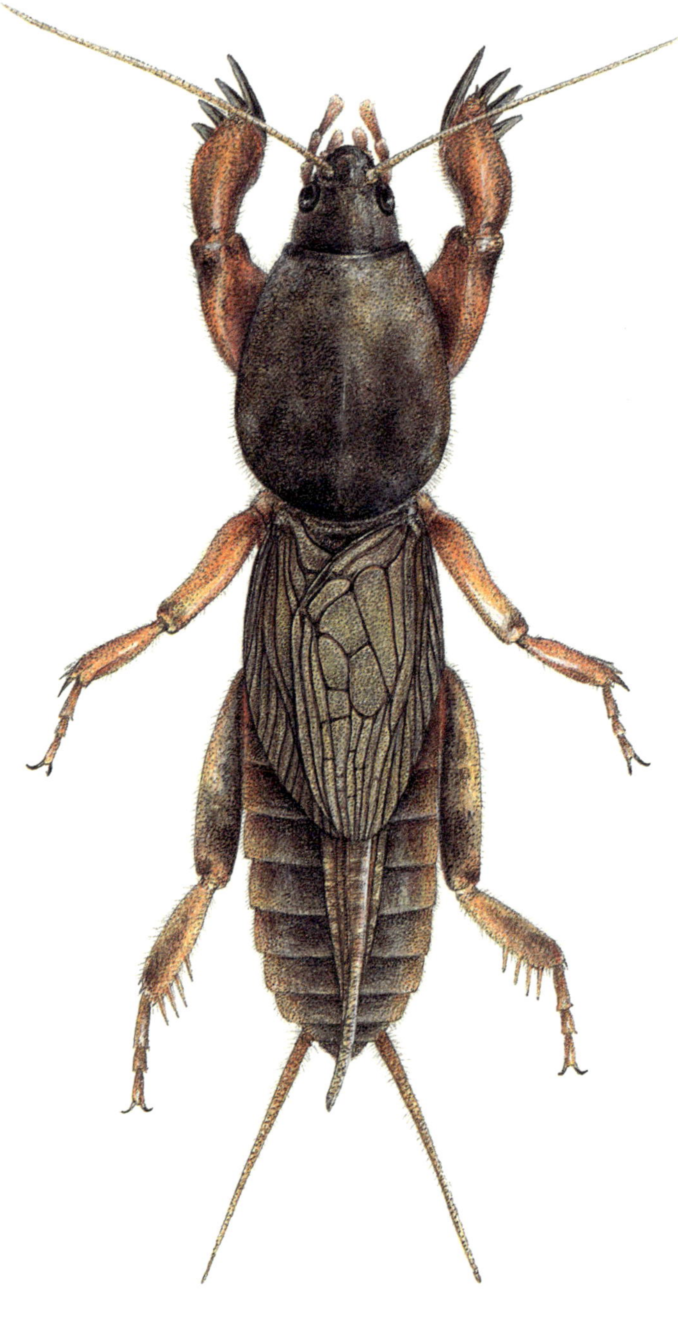

GRYLLOTALPA — WEIT VERBREITET

MAULWURFSGRILLE

Bei uns Menschen ist der Sehsinn der vermeintlich wichtigste, und unsere Wertschätzung und unser Verständnis für die natürliche Welt ergeben sich durch die Informationen, die wir über unsere Augen erhalten. Doch über Formen, Farben und Texturen hinaus gibt es auch „Klang- und Duftlandschaften“, von denen wir nur winzige Ausschnitte wahrnehmen. Ihr vollständiges Ausmaß können wir mit unserem offensichtlich begrenzten Hör- und Geruchssinn gar nicht wahrnehmen.

Für uns bildet Vogelgezwitscher die auffälligste natürliche Klanglandschaft, doch es gibt noch eine ganz Menge anderer, deutlich kleinerer Interpreten, die wahre Sinfonien zum Besten geben, ohne dass wir etwas davon hören können – von den Penisreibegeräuschen der *Micronecta scholtzi* (siehe Seite 152) bis zu den brummenden Balzgesängen männlicher Spinnen. Es gibt zwar auch Tiere, die Laute im Bereich des menschlichen Hörvermögens produzieren, die man aber selten zu Gesicht bekommt. Ein solches Tier ist die Maulwurfsgrille.

Diese Insekten haben sich dem Leben unter der Erde perfekt angepasst: Sie nutzen ihre kräftigen, stark verbreiterten vorderen Gliedmaßen, um überraschend schnell zu graben und verschiedene Tunnel für unterschiedliche Zwecke anzulegen. Am bemerkenswertesten sind die Tunnel, die die Männchen als Verstärker für ihre Balzgesänge anlegen. Es handelt sich dabei um eine Art y-förmiges Horn mit zwei an die Oberfläche reichenden Ausgängen. Das Männchen hockt einige Zentimeter unter der Erde, das Hinterteil dem Schnittpunkt der beiden Tunnelarme zugewandt, und reibt die Kanten seiner Vorderflügel gegeneinander, um sein typisches, klangreines, schrilles Zirpen zu produzieren. Dank der Resonanzfähigkeit des Tunnels erreicht der Gesang außerhalb des Baus eine Lautstärke von 115 Dezibel und bringt den Boden 20 cm rund um den Bau zum Vibrieren. Angesichts der bescheidenen Größe der Grille – nicht mehr als 3–5 cm – ist das eine bemerkenswerte Beschallung.

Während der Balz fliegen die Weibchen nachts aus, um den Gesängen zu lauschen. Dabei nehmen ihre Ohren an den Vorderbeinen Geräusche in einem Umkreis von 30 m wahr. Entscheidend ist für sie die Lautstärke des Gesangs, denn er verrät ihnen, ob es sich um ein größeres, potentes Männchen in einem professionellen, hochwertigen Bau handelt. Bei den lautesten Männchen stehen die Weibchen Schlange – bis zu 20 pro Nacht. Kleinere, leisere Kandidaten singen vergeblich und werden ignoriert.

LANGRÜSSELIGE FLIEGE

In nahezu allen menschlichen Kulturen werden Blumen sehr geschätzt, sie spielen bei allerlei Ritualen eine Rolle. Dabei wachsen Blumen gar nicht für uns Menschen. Vielmehr handelt es sich um komplexe und offensive Werbetafeln, deren Adressaten vor allem Insekten sind, denen zuckerhaltiges Wasser (Nektar) versprochen wird. Allerdings hat die Sache einen Haken: Um an den Nektar zu gelangen, müssen die Insekten irgendwie Pollen aufnehmen oder sich damit bepudern lassen.

Kaum ein Zusammenhang auf Erden ist so bedeutend wie das Zusammenspiel von Blühpflanzen und Insekten, das die Ökosysteme an Land entscheidend geprägt hat. Die überwältigende Vielfalt der Insekten- und Pflanzenwelt geht in Teilen unmittelbar auf diese seit mindestens 160 Millionen Jahren währende Symbiose zurück. Es begann damit, dass urzeitliche Insekten per Zufall Blütenstaub einer Pflanze aufnahmen, die bis dahin eigentlich ein Windbestäuber war, und diesen Blütenstaub dann zu einer Pflanze derselben Art transportierten.

Diese Anfänge bildeten den Ausgangspunkt für den Prozess der natürlichen Auslese, und das Zusammenspiel wurde immer ausgeklügelter und kleinteiliger. Dabei entwickelten sich spezielle Pflanzenstrukturen, die attraktiv aussahen und dazu noch genau die passende Menge Pollen lieferten, nämlich Blüten.

Heute ist der Erfolg dieser Strategie kaum zu übersehen: Die Mehrzahl der Blütenpflanzen wird von Insekten bestäubt, außerdem 75 % unserer Nutzpflanzen. Damit ist die Bestäubung durch Insekten entscheidend für das Leben an Land im Allgemeinen und das Überleben der Menschheit im Besonderen. Das Konzept ist also enorm erfolgreich und wird häufig herangezogen, um zu zeigen, wie schön und harmonisch die Natur ist; doch hinter dem naiven Bild einer Biene an einer Blüte verbirgt sich eine komplexe Auseinandersetzung. Als Gegenleistung für die Mitnahme von Pollen versucht die Pflanze, das Insekt mit einem Minimum an Nektar abzuspeisen, während das Insekt für einen möglichst geringfügigen Aufwand ein Maximum an Belohnung erwartet. Dieser Konflikt hat zu einer extremen Spezialisierung von Blumen und Bestäubern gleichermaßen geführt. Dies zeigt sich sich sehr schön im Fynbos im Südwesten Südafrikas, wo mehrere langrüsselige Fliegenarten weit über 200 Pflanzenarten bestäuben. Wie der Name besagt, handelt es sich um Fliegen mit extrem langen Mundwerkzeugen, die sich entwickelt haben, damit sie den Nektar in den langen, röhrenförmigen Blüten ihrer Wirtspflanzen bequem erreichen. Dabei nehmen sie auch eine kleine Menge Pollen auf. Der Rüssel der extremsten und bekanntesten dieser Arten, *Moegistorhynchus longirostris*, kann etwas mehr als 80 mm lang werden und ist – im Verhältnis zur Körpergröße – das längste Mundwerkzeug in der Insektenwelt. Solange es nicht gebraucht wird, liegt das absurd lange Werkzeug nach hinten geklappt zwischen den Beinen der Fliege. Fliegen und Pflanzen sind hier eine unlösbare Verbindung eingegangen, die anschaulich zeigt, wie fragil Ökosysteme sind: Die Mundwerkzeuge der Fliegen sind zu lang und zu unpraktisch, um Nektar aus anderen Blumen zu saugen, während das lange, röhrenförmige Nektarium der Blume für weniger spezialisierte Bestäuber nicht erreichbar ist.

MOEGISTORHYNCHUS LONGIROSTRIS —— SÜDAFRIKA

RHINASTUS SÜDAMERIKANISCHE TROPEN

RHINASTUS

Shakespeare hat der Nachwelt bekanntermaßen jede Menge originelle Schimpfwörter hinterlassen. Dabei gibt es eine Szene in seinem Stück Henry IV (auf Deutsch Heinrich IV.), in dem er sich für eine Schimpftirade der Insektenwelt bedient und Trunkenbolde als *malt worms*, wörtlich „Malzwürmer" bezeichnet. So nannte man im Englischen seinerzeit die Larven des Kornkäfers: fiese Schädlinge, die im Handumdrehen ganze Vorräte an Gerste, Weizen, Hafer, Roggen, Reis und Mais vernichten können. Und eben auch Menschen, die zu tief ins Glas schauten.

Die Raubzüge des Kornkäfers im Laufe der Menschheitsgeschichte haben dem Ruf der Rüsselkäfer enorm geschadet, was angesichts der Vielfalt dieser Käferfamilie bedauerlich und ungerecht ist. Neben den Kurzflüglern bilden die Rüsselkäfer mit etwa 77 000 Arten weltweit die größte Tierfamilie überhaupt. Abgesehen von den unwirtlichen Gefilden der Antarktis sind Rüsselkäfer fast überall zu finden. Sie sind größtenteils Pflanzenfresser, was ein Grund dafür ist, dass wir in einer so rüsselkäferreichen Welt leben. Mit der Entwicklung von Blühpflanzen im Mesozoikum explodierte die Vielfalt der Pflanzenwelt und damit auch jene der Pflanzenfresser und Rüsselkäfer.

Die zahllosen neuen Rüsselkäferarten richteten sich in den verschiedenen neuen biologischen Nischen ein. Heute gibt es für jeden Teil einer Pflanze einen spezialisierten Rüsselkäfer, von den Wurzeln bis zu den Samen und allem, was dazwischen ist. Im Verlauf der Anpassung an besondere Nischen haben einige Rüsselkäfer sich sogar zu Fleischfressern entwickelt, unter anderem auch der hier abgebildete große, stattliche Rüsselkäfer aus Südamerika. Der portugiesische Agrarwissenschaftler Edmundo Navarro de Andrade wollte 1928 herausfinden, was die Käfer am Bambus so trieben, weil sie mit ihren Aktivitäten kommerziell wichtige Arten dieser Riesengräser schädigten. Dabei machte er eine sehr bemerkenswerte Entdeckung.

In einem frühen Entwicklungsstadium waren die Rüsselkäferlarven zahlreich: In jedem Bambusabschnitt befanden sich sechs bis zehn Exemplare, später aber gab es dort nur noch eine große, fette Larve. Wo waren die anderen Larven geblieben? Nachdem er viele Bambusstängel geöffnet hatte, fand er schließlich die Antwort und wurde Zeuge, wie eine fette Larve eines ihrer kleineren Geschwister verspeiste. *Rhinastus*-Rüsselkäfer sind kannibalistisch.

Es kostete den neugierigen Navarro noch etwas Zeit und weitere Beobachtungen – die Basis jeder guten Entdeckung –, um herauszufinden, dass die jungen Larven die Innenwände der Bambusknoten oder -segmente anknabbern, bis eine von ihnen aus noch ungeklärten Gründen eine Vorliebe für Fleisch entwickelt und nach und nach die Geschwister verspeist, sodass sie schließlich allein in ihrem Abschnitt hockt, vollgefressen und bereit zur Verpuppung. Nach der Verpuppung knabbert das adulte Tier ein Ausgangsloch in den Bambushalm, um draußen ein kurzes Leben von nur sieben bis acht Tagen zu führen.

CATHEDRA SERRATA

Bei diesem spektakulären Insekt mit seinem eigentümlichen, aus dem Kopf ragenden Fortsatz mit Sägezähnen (dessen Funktion noch unbekannt ist) handelt sich um eine Wanze, die zur gleichen Unterordnung gehört wie Blattläuse und Schildwanzen. *Cathedra serrata* ist eine der größten Wanzen – manche Arten werden bis zu 95 mm groß. Sie stechen Pflanzen mit ihren rüsselartigen Mundwerkzeugen an, um deren zuckerhaltige Säfte aufzusaugen. Da Pflanzensäfte jedoch hauptsächlich aus Wasser bestehen, müssen Wanzen enorme Mengen zu sich nehmen, um ausreichend mit Nährstoffen versorgt zu sein. Um dabei ein Aufblähen oder gar Platzen zu vermeiden, scheiden sie überschüssige Flüssigkeit zügig wieder als Honigtau aus. Diese leicht zuckerhaltige Flüssigkeit ist bei allen möglichen anderen Insekten äußerst beliebt – einige Motten- und Schneckenarten bringen sich sogar direkt am Hinterteil der Wanzen in Position, um den herausspritzenden Honigtau zu schlürfen.

Cathedra serrata saugt aber nicht nur Pflanzensäfte, sondern ist zudem noch ein ausgezeichneter Springer. Dies verdankt sie ihrer Muskelkraft und der bemerkenswerten Elastizität eines Proteins namens Resilin. Dieses elastische Protein findet sich in vielen Teilen des Körpers, von den Gliedmaßen über die Flügelgelenke bis zu den Mundwerkzeugen. Es kann etwa 92 % der Energie speichern, die es aufnimmt, wenn es gedehnt oder gequetscht wird. Zum Vergleich: Die besten synthetischen Kautschuke können etwa 80 % speichern. *Cathedra serrata* speichert die Energie, indem sie mithilfe großer Muskeln Strukturen über ihren Beinen nach hinten schiebt. Die gespeicherte Energie setzt sie mit explosiver Schnellkraft frei, wenn sie springen will. Bei kleineren Verwandten der Art werden die obersten Gelenke der Hinterbeine durch zahnradähnliche Strukturen zusammengehalten, was ihnen ermöglicht, die explosive Kraft aus dem Resilin im Sprung freizusetzen.

Springen ist nur eine der Superkräfte von *Cathedra serrata* und eine von mehreren Optionen, sich ihrer zahlreichen Fressfeinde zu erwehren. Bevor sie zum Springen und Fliegen übergeht, besteht ihre erste Verteidigungsstrategie in der Präsentation ihrer meist leuchtend gefärbten oder mit großen Augenflecken versehenen Hinterflügel. Mit diesem Verhalten schreckt sie größere Fressfeinde ab, die annehmen, dass die Flecken die Augen eines anderen, größeren Tieres seien, das sie nicht ohne Weiteres überwältigen können. Ein weiterer pfiffiger Wanzentrick besteht in der Produktion von wachsartigen Sekreten. Je nach Art können diese in langen Fäden oder Wolken aus dem Hinterteil des Insekts austreten.

Dieses wachsartige Material ist multifunktional. Es lenkt nicht nur die Aufmerksamkeit von Raubvögeln und Säugetieren weg vom Kopf des Insekts, sondern bietet ihm auch einen gewissen Schutz vor parasitären Wespen. Die Eier von *Cathedra serrata* und verwandten Arten sind extrem anfällig für Raubparasiten, und eine Schicht aus dickem, weichem Wachs bietet ihnen einen gewissen Schutz vor diesen Feinden.

CATHEDRA SERRATA SÜDAMERIKANISCHE TROPEN

ALLOMANTISPA MIRIMACULATA —— MYANMAR & CHINA

MANTISFLIEGE

Mir wurde das große Glück zuteil, das sagenumwobene Htamanthi Wildlife Sanctuary besuchen zu dürfen, ein 2150 km² großes Waldgebiet im Norden Myanmars. In dem Reservat sind Tiger und Elefanten zu Hause, und früher lebten dort auch Java- und Sumatra-Nashörner. Es ist schwer zugänglich, und ich glaube nicht, dass – abgesehen vielleicht von einigen Schmetterlingssammlerinnen und -sammlern zu britischen Kolonialzeiten – je ein Insektenforscher dort war. Während meines Besuchs im Reservat machte sich ein kleines Team von uns vom Basislager aus auf die Suche nach Tigern, und ich fing alle Insekten ein, die mir interessant erschienen. Unterwegs stießen wir auf als stark gefährdet geltende Westliche Weißbrauengibbons und beschlossen, ein paar Filmaufnahmen zu machen.

Um möglichst nah an die Tiere heranzukommen, mussten wir uns in einer Art Stopptanz üben: Solange sie ihre lauten Rufe von sich gaben, bewegten wir uns durchs Unterholz, und sobald sie verstummten, harrten wir reglos aus. Während einer dieser Pausen flog mir ein Insekt ins Gesicht, das ich mir sofort schnappte. Zu meiner großen Freude war es eine ziemlich große Mantisfliege, und eine ungewöhnliche noch dazu. Ich bugsierte sie vorsichtig in einen Behälter und übergab sie später dem Natural History Museum in London. Das Museum bestätigte, dass sie ungewöhnlich war – in der Sammlung gab es nichts Vergleichbares. Sie wurde später als neue Gattung und Art beschrieben, namentlich als *Allomantispa mirimaculata*.

Es handelt sich um in vielerlei Hinsicht faszinierende Insekten. Auf den ersten Blick erinnern sie zwar an Gottesanbeterinnen, doch hier liegt ein klassischer Fall von konvergenter Evolution vor, von der man spricht, wenn zwei in keiner Weise verwandte Arten dennoch starke Ähnlichkeiten entwickeln, weil sie eine vergleichbare Lebensweise haben. Mantisfliegen sind eng mit Netzflüglern wie Ameisenjungfern und deren Larven, den Ameisenlöwen, verwandt. Die adulten Tiere jagen aus dem Hinterhalt: Sie harren still auf Blättern oder Ästen aus, bis ihre ahnungslose Beute in Reichweite ihrer mit gemeinen Stacheln bewehrten Vorderbeine kommt.

Als Larven führen sie ein noch geheimnisvolleres Leben, über das kaum etwas bekannt ist. Einige Arten jagen kleine Gliederfüßer, andere sind Parasitoide von Bienen-, Wespen- oder Blatthornkäferlarven. Am bemerkenswertesten sind die auf Spinnen spezialisierten Mantisfliegenarten. Bei diesen legt das Mantisfliegenweibchen seine Eier in der Nähe des Netzes einer eiertragenden Spinne ab oder – noch abenteuerlicher – klammert sich an den Hinterleib der Spinne, bis diese einen Eiersack gebildet hat. Wenn die Mantisfliegenlarven schlüpfen, machen sie sich direkt auf den Weg zum Eiersack oder vertreiben sich die Zeit in der Buchlunge der Spinne. Sobald die Mantisfliegenlarven es in den Eiersack geschafft haben, machen sie sich über die Eier her und schlürfen den Inhalt mit ihrem Stechrüssel aus.

Die Biologie der Larven, die ich in Myanmar entdeckt habe, ist unbekannt. Sie sind sehr selten und vielleicht verbringen sie die meiste Zeit in den Baumkronen. Vielleicht ist ihre Biologie sogar noch bemerkenswerter als die der Spinneneierschlürfer. Vielleicht ist ihr Leben aber auch ein Lotteriespiel, bei dem die Chancen der Larven, das Erwachsenenalter zu erreichen, sehr, sehr gering sind.

MICRODON-SCHWEBFLIEGE

Als adulte Insekten sind Schwebfliegen elegante Helden der Lüfte. In der Tierwelt gibt es vermutlich keine geschickteren Flieger: Sie sind flink unterwegs, einige Arten legen riesige Entfernungen zurück, und sie schießen mit höchster Präzision zwischen ihren Nektarquellen hin und her. In den wärmeren Monaten ist es lohnend, sich etwas Zeit zu nehmen und sich an der geschickten Flugfähigkeit dieser Insekten zu erfreuen. In krassem Gegensatz zu den zarten, nektar- und saftsaugenden adulten Tieren sind die Larven vieler Arten Räuber, die verschiedentliche Beutetiere jagen. Besonders bizarr sind die Larven der *Microdon*-Schwebfliegen: seltsame, kuppelförmige Tiere, die wie kompakte Miniaturpanzer aussehen und ausschließlich in Ameisennestern leben. Ihr Aussehen ist so merkwürdig, dass man sie zunächst für Weichtiere oder Schildläuse hielt. Ameisennester sind zwar im Allgemeinen gut geschützt, bieten aber ein stabiles Klima und ein verlockend reichhaltiges Nahrungsangebot, das von dicken Larven und Puppen bis hin zu üppigen Beutestücken in den Müllhaufen reicht. Daher üben Ameisennester eine große Anziehungskraft auf zwielichtige Zeitgenossen wie die *Microdon*-Larven aus. Sie treiben sich in den dunklen Ecken des Nestes herum und plündern die Ameisenbrut. Man hat die fast ausgewachsenen Larven einer *Microdon*-Art schon dabei beobachtet, wie sie binnen 30 Minuten bis zu zehn Ameisenlarven verspeisten, was auf einen gewaltigen Appetit schließen lässt. Die Fliegenlarve klettert auf die hilflose Ameisenlarve, durchbohrt sie mit ihren Mundwerkzeugen und saugt sie aus. Manchmal werden die Räuber von Arbeiterinnen gestört, die dem Plünderer ihre kleine Schwester zu entreißen versuchen. Normalerweise aber lassen die Ameisen die *Microdon*-Larven einfach in Ruhe und tragen die Überreste ihrer geschundenen Geschwister sogar zum Abfallhaufen. Was die jüngeren *Microdon*-Larven fressen, weiß man nicht, aber vermutlich verzehren sie die von den Ameisenlarven produzierten Flüssigkeitströpfchen, wie es auch die adulten Arbeiterinnen tun.

Würde ein anderes Insekt dies versuchen – etwa ein abenteuerlustiger Eindringling –, würde es in Stücke gerissen. In ein Ameisennest spaziert man nicht in Rambo-Manier, es erfordert eine gewisse Spezialisierung. So bietet der kuppelförmige Körper der *Microdon*-Larven ihnen einen gewissen Schutz vor den Ameisen für den Fall, dass es doch einmal brenzlig wird. Ihre wichtigste Waffe besteht jedoch in ihrer chemischen Tarnung: Ihre Körper geben genau die gleichen Gerüche ab wie die der Wirtsameisen. Gerüche bilden das Herzstück der Ameisenkommunikation und sorgen für eine reibungslose Zusammenarbeit im Ameisenstaat. Wer also darauf setzt, den Geruch der Ameisen zu imitieren, hat alles richtig gemacht und kann mehr oder weniger unbehelligt durch die Gänge, Tunnel und Kammern des Nests marodieren.

Wenn die *Microdon*-Larve genug Ameisenlarven verdrückt hat, bereitet sie sich auf die Verpuppung vor. Dazu sondert sie einen kleinen Tropfen klare, braune Flüssigkeit ab, die für die Wirtsameisen äußerst attraktiv ist und deren Zweck noch unbekannt ist. Sobald die adulte Fliege schlüpft, wirken die Schutzstrategien ihrer Larvenzeit nicht mehr, und sie muss sich schnell aus dem Staub machen.

MEGARHYSSA

Schlupfwespen haben so viel mehr zu bieten, als die meisten Menschen ahnen. Zum einen sind sie enorm divers. Eigentlich gelten zwar Käfer als die vielfältigste Insektengruppe, aber das hat vielleicht eher mit ihrer Beliebtheit als Sammlungsobjekt zu tun. Und dann wären da auch noch die Fliegen, aber darauf wollen wir hier nicht weiter eingehen. Die meisten Wespen – und sicherlich die, die am wenigsten bekannt sind – sind winzige Parasitoide (siehe Zwergwespe – Seite 82), aber eine ganze Reihe von ihnen ist sehr groß und entsprechend schwerer zu übersehen. Stichwort: *Megarhyssa*.

Was wie ein aus dem Hinterteil der Wespe ragender Schwanz aussieht, ist in Wirklichkeit ihr Legestachel (Ovipositor) – ein komplexes, multifunktionales Organ. Er dient in erster Linie der Eiablage, wird für die Verabreichung eines giftigen Chemiecocktails aber auch als Spritze eingesetzt. Bei den Wespen der Gattung *Megarhyssa* fungiert er außerdem als Bohrer, da ihre Beutetiere – verschiedene holzfressende Insektenlarven – tief im Inneren von Baumstämmen leben.

Das Aufspüren dieser Larven ist alles andere als leicht, denn man kann sie nicht sehen, und sie sind durch mehrere Zentimeter Holz geschützt. Die Wespe muss sich darum auf ihre unglaublich scharfen Sinne verlassen, insbesondere auf ihre Nase. Wenn ich „Nase“ sage, meine ich nicht das meist spitze Ding im Gesicht, wie man es aus der Welt der Säugetiere kennt. Die Aufgabe des Geruchssinnes ist es, chemische Stoffe aufzuspüren, unabhängig davon, wo sich das entsprechende Organ befindet oder wie es aussieht. Insekten haben „Nasen“ an ihren Fühlern und an den Tastorganen, den Palpen. Dabei handelt es sich um kurze Anhänge an den Mundwerkzeugen. Das Wespenweibchen wird auf die verräterische Duftwolke aufmerksam, die von den ahnungslosen Wirtslarven ausgeht. Nach der Landung auf dem Baumstamm klopft die Wespe mit ihren Antennen auf die Rinde, um die beste Stelle zum Bohren zu ermitteln.

Der Ovipositor ist ein Wunderwerk der Natur.

Dann kommt der Ovipositor beziehungsweise Legestachel beziehungsweise Bohrer ins Spiel. Die Wespe wölbt ihren Körper und stellt sich auf die Zehenspitzen, um seine Länge anzupassen.

Der Ovipositor ist ein wahres Wunderwerk der Natur und besteht aus drei separaten Elementen, die jeweils ein Stück ineinandergleiten können. Dank eines komplexen Zusammenspiels von Muskeln und anderen Verbindungen sorgt das Ineinandergleiten dieser Elemente dafür, dass der Legestachel durch das Holz in Richtung seines Ziels getrieben wird. Darüber hinaus ist die Spitze jedes Legestachelelements mit Mangan gehärtet und mit Sinnesorganen ausgestattet, sodass die Wespe das Holz leichter durchbohren und ihren Weg „ertasten" kann. Schließlich bricht der Stachel in den Tunnel der Wirtslarve durch, und die Wespe tastet mit ihrem berührungsempfindlichen Ovipositor, der nun seine weiteren Funktionen offenbart, nach dem unglücklichen Insassen. Einmal gefunden, versetzt sie ihm einen Stich und injiziert ihm dabei ein Gift, das eine rasche, aber vorübergehende Lähmung verursacht. Das Opfer wird daran gehindert, sich zur Wehr zu setzen und den fragilen Legestachel zu beschädigen. Anschließend presst die Wespe ein Ei durch den langen, dünnen Legestachel. Um die Sache zu erleichtern, hat das Ei die Form eines winzigen Würstchens. Es wird auf dem Wirt oder in dessen unmittelbarer Nähe abgelegt. Nach dem Schlupf klammert sich die Larve beherzt an ihrem Wirt fest. Dann wartet sie ab, dass der Wirt so weit heranwächst, dass er sich durch die Tunnelsysteme bis in die Nähe der Oberfläche bewegt, um sich zu verpuppen – was allerdings nie passieren wird. Die Wespenlarve kann nämlich die Hormone im Wirtskörper erspüren, die die bevorstehende Verpuppung ankündigen. Und genau dann wird sie aktiv und verspeist den Wirt in kürzester Zeit.

MEGARHYSSA

Der lange Legestachel dieser Wespe dient auch als Bohrer, mit dem sie an ihre im Holz lebende Beute kommt.

KAPALA

Selbst für Insektenverhältnisse sind die Vertreter der Gattung *Kapala* eigentümlich, ja geradezu absurd – und ein perfekter Beweis dafür, dass es keinen Schöpfer geben kann. Um sich Derartiges auszudenken, hätte der Schöpfer bekifft sein müssen. Betrachtet man aber das, was in unseren Augen so abwegig scheint, durch die Linse der natürlichen Auslese, ergibt es deutlich mehr Sinn.

Kapala-Wespen, von denen es rund 25 bekannte und sicherlich noch viele weitere, bis dato unbeschriebene Arten gibt, sind im Wesentlichen in den Neotropen zu Hause, wo sie als Ameisen-Parasitoide leben. Abgesehen von ihrem Körperbau im Allgemeinen, der sich durch den vergleichsweise großen Thorax und den stielähnlichen Übergang zum Hinterleib auszeichnet, besteht ihr vielleicht merkwürdigstes Merkmal in den Hörnern, die aus dem Thorax sprießen. Ohne Kenntnis der Lebensweise dieser Tiere könnte man diese Hörner für hinderlich halten, doch sie haben – natürlich – eine wichtige Funktion. Es handelt sich nämlich um winzige Griffe, mit denen die Wirtsameisen die adulte Wespe aus dem Nest tragen, nachdem die Wespe sich in einer Ameisenlarve entwickelt hat und geschlüpft ist.

Allein schon der Weg in das Nest ist mühsam und wartet mit allerlei Hindernissen auf. Die Arbeiterameisen sind stets auf der Hut vor allem, was nicht in ihr Nest gehört. Darum haben die Wespen eine komplexe Strategie entwickelt, um nicht entdeckt zu werden. Sie legen ihre Eier auf Pflanzen in Nestnähe ab, und nach dem Schlupf müssen die winzigen, aktiven Larven sich heimlich auf eine Arbeiterin oder eine potenzielle Beute manövrieren, die die Ameisen höchstwahrscheinlich fangen und ins Nest transportieren werden.

Wenn alles nach Plan läuft und die Wespenlarve es unentdeckt ins Nest schafft, besteht die nächste Hürde darin, eine reife Ameisenlarve zu erreichen. Dazu kann die *Kapala*-Larve etwa auf den Arbeiterinnen herumklettern und auf eine reife Ameisenlarve springen, während diese gerade von einer Arbeiterin gefüttert wird. Damit ist ihre Mission so gut wie erledigt. Nun muss sie sich nur noch an die Ameisenlarve klammern und darauf warten, dass diese sich verpuppt. Wenn es so weit ist, gräbt sich die junge Wespe in den Wirt ein und verspeist ihn. Schließlich muss die adulte Wespe das Ameisennest nur noch irgendwie lebend verlassen.

Als erwachsenes Tier ahmt die Wespe den Geruch des Ameisennests nach, allerdings nicht perfekt. In der Folge hält eine Arbeiterin die Wespe für Unrat, der aus dem Nest entfernt werden muss, packt sie bei den (oben erwähnten) Griffen und trägt sie zum Ausgang, wo die Wespe fröhlich losfliegt, um sich auf Partnersuche zu begeben. Da es für kleine Tiere eine Herausforderung ist, sich gegenseitig zu finden, haben männliche *Kapala*-Wespen ausgeklügelte, äußerst sensible geweihähnliche Fühler, mit denen sie schon einzelne Moleküle weiblicher Pheromone wahrnehmen können, denen sie dann wie einer Spur Brotkrumen bis zu ihrer Quelle folgen, womit sich der Kreis dieses außergewöhnlichen Lebenszyklus schließt.

KAPALA — WELTVERBREITET

HYPOCEPHALUS ARMATUS —— BRASILIEN

HYPOCEPHALUS ARMATUS

In jeder Gruppe von Tieren gibt es Arten, die der Wissenschaft großes Kopfzerbrechen bereiten. *Hypocephalus armatus* ist das Insektenäquivalent zum allseits bekannten Schnabeltier (eierlegendes Säugetier); angesichts der spezifischen Kombination der Merkmale des Insekts ist seine Klassifizierung schwierig. Inzwischen hat man herausgefunden, dass es sich eigentlich um ein Mitglied der Bockkäfer-Familie handelt, das sich an eine unterirdische Lebensweise angepasst hat und daher der Maulwurfsgrille sehr ähnlich sieht (siehe Seite 163). Dies veranschaulicht, wie im Rahmen evolutionärer Konvergenz ganz ähnliche finale Formen aus sehr unterschiedlichen Ausgangssituationen entstehen können. Vielleicht handelt es sich gar um eines der besten Beispiele für konvergente Evolution überhaupt. Die meisten Bockkäfer leben auf oder in Pflanzen, und die ziemlich auffälligen und oft sehr großen adulten Tiere sind bei Sammlerinnen und Sammlern äußerst beliebt. Die Larven einiger Arten leben unter der Erde und ernähren sich von Pflanzenwurzeln.

Hypocephalus armatus, der in der Regel etwa 5 cm, manchmal aber auch bis zu 7 cm lang wird, ist nur in einem kleinen Teil Ostbrasiliens in den Bundesstaaten Minas Gerais und Bahia zu finden. Über seine Lebensweise ist so gut wie nichts bekannt, da er die meiste Zeit unter der Erde verbringt. Im Internet findet man allerdings Aufnahmen von männlichen Exemplaren, die unbeholfen über unbefestigte Straßen wackeln, da ihre Gliedmaßen und ihr Körper schlecht an die oberirdische Fortbewegung angepasst sind. Aufgrund ihrer Entwicklung hin zu grabenden Insekten sind die Flügeldecken zusammengewachsen – und Flügel haben sie schon lange nicht mehr. Da sie sich also nur gehend fortbewegen können, ist ihr Aktionsradius begrenzt. Wie genau das Männchen seine extrem gut entwickelten Hinterbeine einsetzt, ist bis dato nicht dokumentiert, doch vermutlich kommen sie bei der Balz und möglicherweise auch im Kampf mit anderen Männchen zum Einsatz.

Man nimmt ferner an, dass die oberirdisch umherwandernden, mutmaßlich unlängst geschlüpften Männchen, die im Allgemeinen zu Beginn der Regenzeit im Dezember und Januar unterwegs sind, auf der Suche nach Weibchen sind. Die Weibchen sind rundlicher als die Männchen und haben weniger stark entwickelte Beine. Wie es aussieht, verbringen die Weibchen ihr gesamtes Leben unter der Erde, weshalb man über sie noch weniger weiß als über die Männchen.

WOLLSCHWEBER

In vielen gemäßigten Klimazonen gelten Wollschweber *(Bombyliidae)* als Frühlingsboten und gehören zu den ersten Insekten, die sich nach dem Winter zeigen. Ich bin immer ganz gerührt, wenn ich diese flauschigen kleinen Wesen sehe, aber dann erinnere ich mich daran, wie sie leben und was sie den Solitärbienen antun. Hinter dem putzigen Aussehen verbirgt sich nämlich ein gnadenloser Parasit.

Ihr Pelz schützt die Fliegen vor den Unbilden des Frühlingswetters. Bei Sonnenschein kann man beobachten, wie sie sich auf dem Boden hockend sonnen, ihren starren Rüssel in Blüten stecken und Nektar saugen oder wachsam über den Nestern von bodenbrütenden Solitärbienen, ihren Wirten, schweben.

Das Wollschweberweibchen sucht sich in Vorbereitung auf den letzten Akt ihres kurzen Erwachsenenlebens ein Fleckchen trockene Erde oder Sand und reibt mit der Spitze ihres Hinterleibs darüber, um die darin befindliche Sandkammer zu füllen. Dann fliegt sie los und sucht die Nester ihrer Wirte auf, die sie anhand visueller und möglicherweise auch chemischer Hinweise findet und identifiziert. Im Schwebeflug über den Nestern stehend, beschwert sie jedes einzelne Ei mit einer Sandpanade und schnippt es in Richtung der dunklen, einladenden Öffnungen der Nesteingänge. Ihre Eiproduktion ist beeindruckend: Bei manchen Arten sind es bis zu 3000 Eier pro Tag. Der Grund ist, dass viel auf dem Spiel steht, denn nur ein Bruchteil des Geleges schafft es bis zum Erwachsenenstadium.

Bald schon schlüpfen die aktiven, beweglichen Larven und machen sich, falls ihre Mutter das Ziel verfehlt hat, auf den Weg zum Nesteingang. Einmal im Nest, werden die lebhaften Larven durch Gerüche zu den Brutkammern des Wirtes gelenkt, wo sie mit etwas Glück fressen, wachsen und sich zweimal verwandeln können. Diese Form der Entwicklung bezeichnet man als Hypermetamorphose. Bei der ersten Metamorphose verwandelt sich die aktive Larve, unter Umständen nach einer kleinen Stärkung mit Pollen aus der Brutkammer, in eine klassische Larve. Dann nehmen die Dinge eine eher abgründige Wendung. Des Blütenstaubs überdrüssig, wendet die frisch verwandelte Wollschweberlarve ihre Aufmerksamkeit dem ursprünglichen Bewohner der Brutkammer – der einsamen Bienenlarve – zu, verspeist sie vollständig, um dann weiter zu wachsen, bis sie sich ein zweites Mal verwandeln kann, diesmal in einen adulten Wollschweber.

In diesem langen Prozess vom Ei zum erwachsenen Tier kann für den Wollschweber einiges schiefgehen. Wenn das Weibchen zu ungenau zielt, schlüpft die Larve vielleicht zu weit vom Wirtsnest entfernt und vertrocknet, bevor sie das Nest erreicht. In der Nähe des Nests oder im Nest könnte die Solitärbiene die Wollschweberlarve entdecken und töten. In der Brutkammer könnten Mikroben die Nahrungsvorräte und beide Larvenzustände zerstören. Selbst wenn die Wollschweberlarve all diese Unwägbarkeiten überwindet und sich erfolgreich verpuppt, muss sie noch den Winter durchstehen, in dem sie Nässe und Schimmel ausgesetzt ist. Angesichts all dieser Herausforderungen ist es bemerkenswert, dass es überhaupt oft genug gelingt, erwachsen zu werden.

BOMBYLIIDAE | WEIT VERBREITET

EXECHESOPS LEUCOPIS WEIT VERBREITET

EXECHESOPS LEUCOPIS

Die geschlechtliche Fortpflanzung ist eine der entscheidendsten Innovationen in der frühen Geschichte des Lebens auf der Erde. Sie ermöglicht eine Durchmischung des Genpools, mit der Variationen entstehen, auf deren Basis die natürliche Selektion funktioniert. Sie ist aber auch ein Fluch, denn die Geschlechter ringen ununterbrochen darum, ihre eigenen Gene an die nächste Generation weiterzugeben. Besonders deutlich wird dieser Kampf bei den männlichen Tieren, die um die Weibchen wetteifern und Zeit, Energie und Ressourcen in Rituale und Ausstattungen aller Art von Botox bis hin zu den beeindruckenden Mundwerkzeugen von Hirschkäfern investieren. Vielfach wird bei den Balzkämpfen zwischen den Männchen jedoch nicht mit harten Bandagen gekämpft, da dies mit tödlichen Verletzungen enden könnte. Stattdessen beschränken sich die Männchen einfach darauf, sich anhand ihres Schmucks zu messen, und ein schmächtiges Männchen überlegt es sich zweimal, bevor es sich mit einem körperlich übermächtigen Gegner anlegt.

Bei einigen Insekten hat der Selektionsdruck durch die gegenseitige Inaugenscheinnahme zur Entwicklung diverser skurriler Merkmale geführt. Sehr kurios sind zum Beispiel die namensgebenden Augen der Stielaugenfliegen, die zu beiden Seiten an langen Fortsätzen aus dem Kopf ragen. Weniger bekannt, aber ähnlich ist das Aussehen der Art *Exechesops leucopis*, deren Männchen massiv vergrößerte, sehr breite Köpfe mit weit auseinanderliegenden Augen haben.

Bei diesen Rüsselkäfern locken paarungsbereite Weibchen die Männchen an, indem sie sich auffällig in ihrem Wirtsbaum positionieren und eine bühnenreife Aufführung zum Besten geben. Durch das Schaben ihres Unterleib an der Innenseite ihrer Flügeldecken produzieren sie einen rasselnden Gesang, der von einem aus schnellen Drehungen nach rechts und links bestehenden Tanz begleitet wird, der eventuell dazu beitragen soll, ihren Gesang über ein möglichst großes Gebiet zu verbreiten.

Die kleinen Männchen – die nur knapp 1 cm lang sind – kommen in Scharen und sichern sich die besten Plätze im Baum. Dort spielen dann ihre breiten Köpfe eine Rolle, nämlich als Waffe zur Vertreibung anderer Männchen. Die Männchen stoßen ihre Köpfe gegeneinander wie Rammböcke – aber nur, wenn sie eindeutig gleich stark sind. Normalerweise reicht ihnen ein Blick auf den Augenabstand; Männchen, die es mit offensichtlich größeren Gegnern zu tun haben, ergreifen bereitwillig die Flucht, bevor es überhaupt zu irgendwelchen Rangeleien kommt.

Große Männchen mit sehr breiten Gesichtern haben also bessere Aussichten, ihr Revier erfolgreich zu verteidigen, und das gefällt den Weibchen. Nach der Paarung hält das Männchen Wache, um sicherzugehen, dass tatsächlich seine Spermien die Eier des Weibchens befruchten, und wehrt andere Männchen ab, die auch einen Versuch wollen. Wie bei einigen anderen Insekten kommt es auch hier vor, dass einem weniger eindrucksvollen Männchen eine heimliche Paarung gelingt: Während die größeren Männchen sich noch in einer Auseinandersetzung befinden, nutzt der Nebenbuhler die Gelegenheit, sich mit dem empfangsbereiten Weibchen zu paaren.

WEITERFÜHRENDE LITERATUR

Heiko Bellmann und Matthias Helb, *Bienen, Wespen, Ameisen: Insekten Mitteleuropas*, Kosmos, 2024

Heiko Bellmann und Rainer Ulrich, *Der Kosmos Schmetterlingsführer*, Franckh Kosmos Verlag, 2016

Monique Berger, *Das geheime Leben der Insekten*, Eugen Ulmer Verlag, 2016

Jürgen Deckert und Ekkehard Wachmann, *Die Wanzen Deutschlands*, Quelle & Meyer, 2020

Eric R. Eaton, *Wespen: Unterschätzte Insekten mit erstaunlichen Fähigkeiten*, Haupt Verlag, 2024

Jean-Henri Fabre, *Erinnerungen eines Insektenforschers*, Matthes & Seitz, 2009

Werner Gnatzy und Jürgen Tautz, *Insekten – Erfolgsmodelle der Evolution*, Springer, 2023

Bert Hölldobler und Christina Kwapich, *Die Gäste der Ameisen: Wie Myrmecophile mit ihren Wirten interagieren*, Springer, 2023

Bert Hölldobler und Edward Wilson, *Der Superorganismus – Der Erfolg von Ameisen, Bienen, Wespen und Termiten*, Springer Spektrum, 2015

Martin Husemann und Oliver Hawlitschek, *Die Welt der Heuschrecken – Faszinierende Lebensweise, unterschätzte Vielfalt*, Haupt Verlag, 2025

Berhard Klausnitzer, *Wunderwelt der Käfer*, Springer, 2019

Dr. Stephan Krall, *Vom Leben und Sterben der Insekten: Die Welt des Jean-Henri Fabre – Eine faszinierende Wissenschaftsbiografie über den Gründervater der Entomologie*, S. Hirzel Verlag, 2023

Josef Settele und Roland Steiner, *Schmetterlinge: Die Tagfalter und Widderchen Deutschlands*, Verlag Eugen Ulmer, 2025

ÜBER DEN AUTOR

Dr. Ross Piper ist Insektenforscher und Zoologe. Die Welt der Insekten fasziniert ihn schon, solange er denken kann. Er liebt es, im Dickicht herumzukriechen und sich durchs Unterholz zu wühlen. Im Zuge seiner Arbeit hat er schon die ganze Welt bereist und dabei eine neue Gattung und diverse neue Arten entdeckt. Bei seinen Vorträgen im Rahmen verschiedener internationaler Veranstaltungen geht es ihm darum, seine Begeisterung für die Natur zu teilen. Er ist Autor zahlreicher Bücher und Artikel und wirkt sowohl als Experte vor der Kamera als auch in beratender Funktion an TV-Sendungen der BBC und der Smithsonian Institution mit. Weitere Informationen unter rosspiper.net.

ÜBER DEN ILLUSTRATOR

Als naturhistorischer Illustrator ist Carim Nahaboo spezialisiert auf Zeichnungen von Insekten. Seine Werke fertigt er traditionell von Hand mit Tusche, Farbstiften und manchmal auch Acrylfarbe. Doch über die Zeichnungen hinaus widmet Nahaboo sich seit seiner Kindheit der Beobachtung von Insekten in Großbritannien und der Aufzucht verschiedener exotischer Arten, um deren Verhalten und Anatomie aus direkter Anschauung studieren zu können. Seine wissenschaftliche Begeisterung geht seit jeher Hand in Hand mit seinem Bedürfnis, die Welt der Insekten durch die Kunst zu erkunden und zu verstehen. Das Zeichnen ist sein bevorzugtes Medium, um das Wunder und die Schönheit der Insektenwelt sichtbar zu machen.

REGISTER

W

Z

DANKSAGUNG

Mein großer Dank gilt all den talentierten Menschen, die dazu beigetragen haben, dass dieses Buch entstehen konnte. Tina Persaud ist als Erste mit der Idee für das Buch an mich herangetreten und hat das Projekt in seiner Frühphase federführend begleitet. Philip Contos von Laurence King steuerte es sicher durch die Stromschnellen der Publikation. Katherine Pitt und Kate Shanahan haben als Redakteurinnen mit ihrem professionellem Blick maßgeblich zu seiner gelungenen inhaltlichen Gestaltung beigetragen. Die Designerin Hannah Owens hat mit ihrem ästhetischen Gespür ein herausragendes Buch gestaltet. Wir beide waren sehr glücklich, Carim Nahaboo als Illustrator gewinnen zu können. Die Qualität seiner Arbeit ist unübertroffen, noch dazu hegt er ein intensives Interesse für diese Tiere, was die Zusammenarbeit zu einem puren Vergnügen machte. Im Gespräch über die Shortlist der ausgewählten Arten hatte er sofort eine Vorstellung, wie er jede dieser Arten am besten zeichnerisch in Szene setzen könne. Ich empfehle Ihnen sehr, Carims Website einen Besuch abzustatten, denn viele seiner Werke kann man als Druck erwerben. Außerdem möchte ich mich bei Tony Wigmore und Ken Prew für die Gespräche über die Auswahl der Arten für das Buch bedanken, weiterhin dafür, dass sie mir geholfen haben, einige von ihnen in der freien Natur aufzuspüren. Abschließend will ich mich auch bei meiner Familie bedanken, die mir während der Arbeit an diesem Buch zugestanden hat, noch mehr über Insekten zu reden als ohnehin üblich.

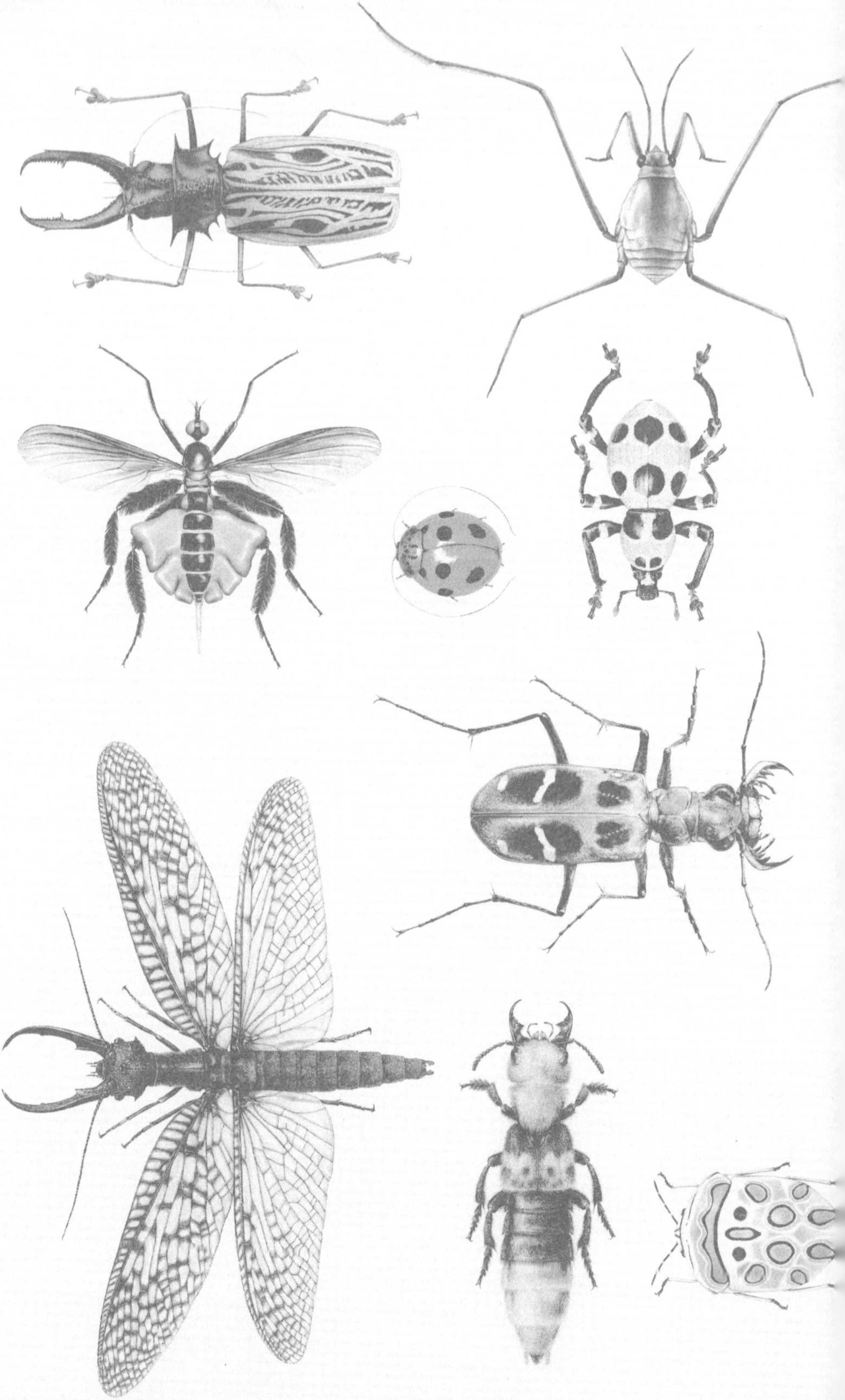